AIHUA ZIGENZHEN PINGGUO
GAOXIAO ZAIPEI JISHU

矮化自根砧苹果高效栽培技术

渠慎春 主编

中国农业出版社
北 京

编辑委员会

主　编　渠慎春

副主编（按姓氏笔画排序）

余心怡　赵　林　徐秀丽　高付永

编　委（按姓氏笔画排序）

南京农业大学

王　玮　王三红　王荣辕　王磊彬

李天宇　李芳竹　李宝辉　余心怡

陈兴旺　林欣欣　周停停　高志红

曹丽芳　渠慎春　穆家壮

丰县农业农村局　徐秀丽　高付永

江苏徐淮地区徐州农业科学研究所

石梦云　张　婷　张文杰　赵　林

丰县农业科学技术推广中心　孟令松

徐州市果树研究所　王　鹏　韩蓓蓓

目录

CONTENTS

第一章 矮化苹果栽培的历史与现状

第一节 矮化苹果栽培的历史

最初，世界各国以单株产量作为苹果产量的计算单位，追求大树冠、单株高产，忽略提高单位面积产量。1927年，英国哈顿（G.R.Hatton）介绍了M系矮化砧对苹果生长和结果的作用，在苹果栽培界引起轰动，之后世界各国都很重视，纷纷引种扩繁M系矮化砧，开始了矮化苹果栽培。各国除引入矮化砧木外，都因地制宜地选育本国的苹果矮化砧，其中波兰选育出了P系矮化砧，加拿大选育出了渥太华3号，美国选育出了MAC系和CG系，我国选育出了S系、SH系、CX系等系列。由于矮化砧克服了苹果童期长、进入结果期晚、树体高大、管理不便、种植周期长等不足之处，具有结果早、效益好、管理方便等特点，可以节约大量土地并且减少劳动力，因此很快成为苹果发展的主要方向。20世纪八九十年代，主要苹果生产国用矮化栽培模式取代了乔化栽培模式，当前，欧美国家苹果矮化栽培的面积较大，矮化苹果园占60%～80%，机械化程度高，已基本实现全机械化种植，苹果以单位面积产量为产量的计算单位变成现实。而我国还停留在以人工管理为主的苹果种植阶段，需进一步学习先进国家的苹果种植模式，不断提高劳动生产率并降低生产成本。

我国苹果种植历史悠长，最初，苹果生产多采用苏联乔化栽培模式，20世纪60年代中期，山东省先后从丹麦和保加利亚引入

M系苹果矮化砧木，又从英国引入MM系，从波兰引入P系等其他矮化砧木，并对这些品种的繁殖和利用进行了研究。1980年前后，我国苹果产业快速发展，矮化栽培面积逐年增长，1987年，我国苹果矮化栽培面积为15.25万亩*，1992年迅速发展到80万亩，2021年已达到300万亩。现阶段，我国是世界苹果第一生产大国，根据国家统计局农业普查数据，2021年我国苹果种植面积约为3 132.12万亩，总产量3 932万t。

第二节 矮化苹果栽培的现状

改革开放以来，我国苹果产业取得了巨大进步，矮化苹果在我国肥水条件优越的陕西、山东、河南等地快速发展，已形成规模化发展态势。矮化砧能够有效控制苹果树冠，适合密植，进入结果期早，所结果实品质优良。在长期的种植试验过程中，我国引进及自育了一系列矮化砧木，主要包括M系、P系、B系、CG系、O系、A系、SH系、GM系等。经过长期的试验种植，初步摸清了不同砧木的适应性和栽培表现，筛选出适合我国不同地域的矮化砧木。目前我国共引进42种无性系矮化砧木，建立了10个种质资源圃，生产中应用较广泛的矮化砧木有M26、M9、M9T337、SH6等。

我国苹果栽培体系经历了稀植→密植→适度密植的演变过程。近几年，借鉴世界先进栽培经验，引进了宽行距、密株距等栽培技术，并研究推广了矮化自根砧苹果高纺锤形、超纺锤形、V形、Y形、纺锤形等高光效生产树形。长期以来，虽然我国在苹果种植面积和产量方面一直居世界前列，但在平均亩产量、苹果品质以及栽培模式等方面与发达国家相比仍有一定差距。其中以美国苹

* 亩为非法定计量单位，1亩≈667米^2。——编者注

果的高密度矮化生产模式和日本的省力化栽培技术最为突出。苹果自根砧矮化密植栽培技术及苹果绿色高效省力化栽培技术的集成与推广等体现了国外现代苹果生产的发展趋势。

矮化苹果栽培具有结果早、省工省力和便于机械化等优点，是当今世界苹果发展的总趋势，是世界苹果栽培技术的巨大变革。我国建立了一批矮化苹果自根砧的高产园，江苏、陕西、山东、辽宁、河北等地相继涌现出一批矮化苹果栽培的典型。

第三节　矮化自根砧苹果产业链技术创新与集成应用的必要性

针对江苏省苹果生产树龄老化、品种更新慢、病虫害发生比较严重、果实着色比较难、果面光洁度相对较差、管理费工费力、机械化难以实施等问题，笔者借鉴国内外先进地区苹果和其他果树生产的经验，提出苹果发展升级的突破方向：筛选适合江苏气候条件的早熟、易着色、抗病性强、管理省工省力的优良品种，推广应用矮化自根砧高效省力化栽培技术模式。

由于江苏省苹果产区气候温湿多雨，昼夜温差较小等，苹果病虫害发生比较严重、果实着色困难、表面光洁度也比较差，所以在推广高效省力化矮化自根砧单植化栽培技术措施时，主要从6个方面寻求突破：一是建立矮化砧木和品种的脱毒技术体系和矮化自根砧标准化大苗快速繁育技术体系。二是示范推广苹果省力化栽培技术体系——单植化技术体系。建设矮化苹果单植化标准化示范园。三是推广苹果省力化、精准化花果管理技术。四是通过土壤和叶片营养与果实产量品质的相关性分析，筛选矮化自根砧优质苹果园土壤和叶片营养成分的适宜值范围，实现施肥的科学化。同时根据测定结果研究建立适宜的矮化自根砧苹果园肥水管理一体化技术体系，实现肥水管理省力化、科学化的目标。五是制定主要病虫害监测技术规程，初步建立病虫害监测和科学防控体系。六是通过建设先进的冷藏和气调设施，完善预冷、挑选、分级和包装等商品化技术的集成应用，建成软硬件条件兼备的技术体系并应用于果品的贮藏销售。通过品牌创建、市场营销模式的研究，建立科学的品牌销售市场网络。通过国外及国内不同地区苹果园经营模式的研究，提出江苏苹果园适宜的经营模式和经营规模，以实现效益的最大化。

通过矮化自根砧苹果产业链技术创新与集成应用，可以改善苹果品种更新慢、技术更新慢的不足，并为进一步推进苹果产业的转型升级、赶超国内外先进水平提供技术支持。

第二章 苹果矮化自根砧脱毒大苗繁育技术体系

第一节 砧木、品种无菌苗的获得及组培快繁

砧木是指嫁接繁殖时承受接穗的植株。可以是整株果树，也可以是树体的根段或枝段，起固着、支撑接穗并与接穗愈合后形成植株的作用。砧木是果树嫁接苗的基础。

无菌苗是指在无菌的状态下，用组织培养技术培养的植物苗。

从试验田中取苹果砧木和品种苗的茎尖，经过一系列试验最终建立初代苗后进行扩繁。图2-1是组培室及组培苗生产情况。

培养室

增殖培养

生根瓶苗

出瓶苗

驯化穴盘苗

大棚组培苗

图2-1 果树脱毒苗的生产

第二节　苹果品种和砧木苗木脱毒与检测

将已经扩繁的组培苗茎尖用超低温脱毒技术进行超低温脱毒处理。对不同苹果品种的材料，提取其总RNA进行病毒检测，进而对携带病毒的材料进行初代、继代扩繁培养。然后取约2mm的茎尖进行玻璃化超低温处理。经一系列试验比较可以得出最佳脱毒处理方法。成功脱除苹果病毒后，对脱毒后的再生植株进行病毒检测，脱毒率可达95.74%（图2-2）。

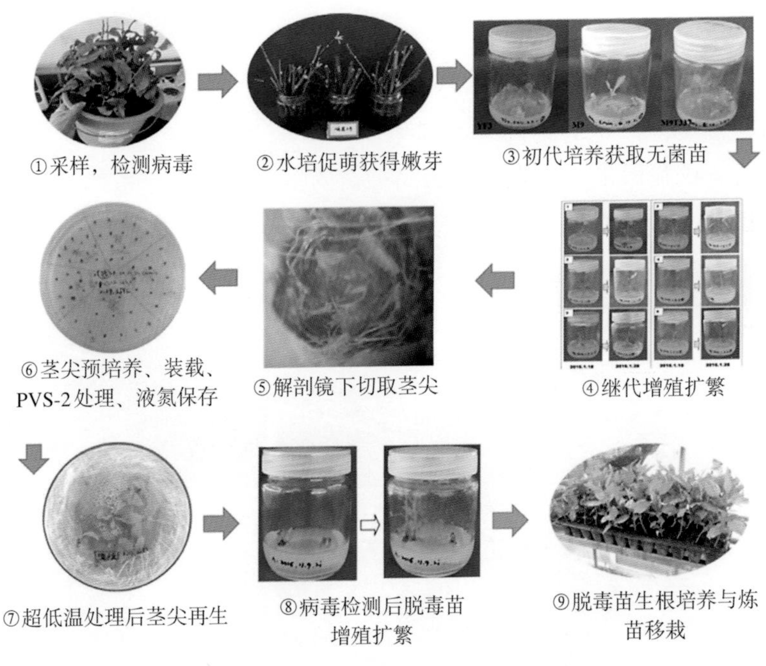

图2-2　苹果砧木和品种的脱毒和检测过程

获得的脱毒苗经过炼苗后定植到大田（图2-3），在田间进行快速繁殖。用于后续的砧木繁育、嫁接和大苗培育。

图2-3　苹果脱毒苗的田间定植

第三节　苹果脱毒砧木苗的繁育

当定植的组培苗生长到30cm高时，应及时压倒（图2-4），压倒方式为前一株的梢部绑缚到后一株的基部，依次绑缚到行尾，最后一株用竹竿或钢条绑缚压平，压倒后整株苗应平铺于地面，防止中部成拱形，以促进腋芽萌发，腋芽萌发后生长至50cm高

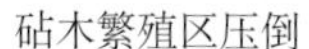

砧木繁殖区压倒

砧木繁殖区压条

图2-4　脱毒砧木苗的快速扩繁

时，再次水平压向行间，促进腋芽再次萌发，以便第二年扩大压条繁殖系数，冬季应疏除直径大于0.8cm的枝条，在4月底进行木屑覆盖，6月中旬再次覆盖木屑，覆盖厚度为25cm，宽度为30cm，并保持湿度在75%左右，11月可实现（1 ∶ 10）～（1 ∶ 15）的分株系数，在冬季落叶后起苗分株并分级，及时将苗木定植在苗木嫁接区，随后覆盖黑地膜防草增温，促进根系生长，以便翌年及时嫁接，保证成活率（图2-5）。

图2-5　苹果脱毒砧木苗田间繁育

第四节　高效嫁接技术

嫁接，是将一种植物的枝或芽嫁接到另一种植物的茎或根上，使接在一起的两个部分长成一个完整的植株。

为探索砧穗一体繁殖技术，对嫁接区苗木进行嫁接，采用插皮接、单芽枝接、带木质部芽接等嫁接方法（图2-6、图2-7），嫁接口高度为30cm。实践证明，插皮接成活率最高，嫁接成活率可以达到94%以上。

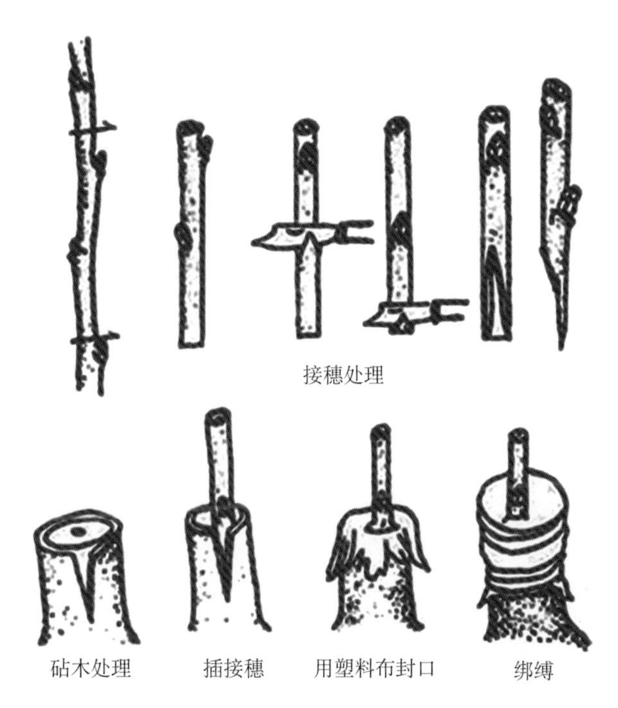

图2-6　插皮接示意

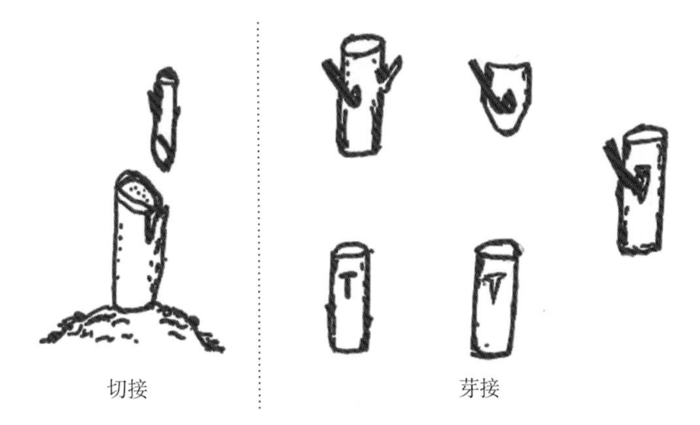

图2-7　嫁接方法示意

第三章 苹果矮化自根砧果园建园技术

第一节 矮化自根砧苹果园科学选址

苹果是多年生作物，建立矮化自根砧苹果园要有长远规划，应面向现代化苹果生产，经过周密调查研究，进行科学选址建园。

一、园址选择注意事项

应选择生态条件良好、交通便利，并具有可持续生产能力的生产区域。要考虑立地条件、土壤有机质含量、灌溉、气候、光照、地形地势等各方面因素，还要考虑果园周边设施条件，如附近有贮果场及其他设备等，从中选出最佳地段作为园址。要保证生产出来的果实符合绿色食品要求，食用安全，并且要保护生态环境。

二、实地考察，确定备选园址

在生态最适宜区或适宜区内，对备选建园地块进行实地考察。考察内容主要有气候条件、土壤条件、地形、地势、水源及植被分布情况，特别是对现有果树生长结果情况进行考察。还要对其环境状况进行考察，对其空气、灌溉用水及土壤进行质量检测，符合国家环境质量标准的，才可以作为备选园地。考察后绘制出备选果园的草图备用。如果是大面积开发，还应对当地经济发展状况、土地资源、劳动力资源及价格、产业结构、生产水平等情况进行了解。

三、因地选择整地方式

根据海拔高度、坡度及土壤条件，在果树的生态适宜区内选择最适宜的园地类型，充分利用农业自然资源，实现最大经济效益。

1.平地　平地是指地面平坦或起伏较小的地带，主要分布在大河两岸和濒临海洋的地区。平地地势开阔，地面平整，土壤差异小，土层深厚，肥水充足，水土流失少，交通便捷，管理方便，适于各种果树生长，一般选择在平地上建园。平地上的苹果园，苹果树发育健壮，树体高大，产量较高，果实色泽、风味、耐贮性均可。但树势偏旺，进入结果期稍迟，应注意控制。

根据园区具体情况，使用挖掘机、推土机、深翻犁、旋耕机等机器设备进行土地平整，要求尽量将土地整平，去除石块等杂物。

2.坡地　在坡地上栽培苹果树有许多平地没有的优点，根据其海拔高度、坡度、坡向、坡位等，可分为几种整地方法：

等高撩壕：对于10°以下的坡地，地形比较一致、土层较厚的地块，一般可进行撩壕。即在坡地上按等高线挖宽约70cm、深50cm的沟，发挥其拦水和蓄水的作用。

水平梯田：对于坡度10°以上、地形一致的地块，可修筑水平梯田。梯田由梯壁、梯面、边埂和背沟组成。为保持水土、种植作物或树木而将缓坡地改成水平梯田。

鱼鳞坑：对于坡度在10°以上，地形复杂、土层薄的坡地，不便修筑梯田，以修筑等高鱼鳞坑为宜。即在山坡上挖掘修成外高内低的半圆形土台，台面外缘用土块或石块堆砌。坑内蓄水，种植果树。

四、生态条件对苹果生长发育的影响

地势平坦、土地肥沃、旱能浇、涝能排的土地适合建成苹果园。生态因子分为直接生态因子和间接生态因子。决定果树生长发育的关键因素是直接生态因子，包括温度、光照、土壤、空气；间接生态因子有海拔、坡度、坡向等。

1.温度　温度是影响苹果生长发育的主要生态因子之一。苹果树是喜低温干燥的温带果树，世界苹果高产优质区全年平均气温为8.5～12.5℃。

苹果初花期与温度的关系密不可分，花芽分化期一般从5月开始，7月中旬日平均最低温度为15℃时分化率最高。苹果花期能耐受的最低温度为−4～6℃。夏季苹果在8～24℃时发育较好，温度过高反而抑制其生长，果实色泽不佳，含糖量下降。秋季果实成熟前30～50d，夜温低于18℃，昼夜温差大于10℃的情况下可溶性固形物容易积累，着色好。冬季气温低于−30℃时，则会发生严重冻害。

2.降水量　水分在果树生长发育中不可或缺，苹果每产生一克干物质的需水量为146～233g，所以年降水量500mm以上的地区才能满足苹果的需水要求。

春季是果树生长发育的关键时期，必须保证持水量在80%左右；5～6月是果树需水临界期；花芽分化时，田间持水量在60%～70%为佳；7月下旬，果实逐渐进入加速生长期，需大量水分；后期需水量又逐渐减少。降水量过高时，易导致苹果树生长过旺，果实品质下降，且容易发生病虫害；降水量过少时，蒸发量过大，又易受旱害。所以一般降水量低于450mm的地区栽植

苹果树，必须具备浇水条件；春季干旱、夏季雨量过多的地区，应设置灌水和排水设施，做到旱时能灌，涝时能排，灌排通畅。

3.光照　光照作为光合作用的能量来源是影响果树生长发育的最重要因子之一，光强、光质、光周期等都会对其光合作用、光形态建成、生长发育有明显影响。

光照充足时，苹果树生长缓和，枝条粗壮，果实含糖量高，色泽较好，品质较高；光照不足则不利于果树生长发育。光照强度过强，则对果树生长发育不利，会造成叶片灼伤等。

4.土壤　苹果对土壤的适应范围较广，但以土壤肥沃、土层深度1m以上、富含有机质的沙壤土和壤土为宜。这样果树可以深扎根，能大大提高抗倒伏能力。

苹果喜微酸性到中性土壤（pH 5.5 ~ 6.7），微碱性（含盐0.2%以下）也能生长良好。但土壤pH<4.0或pH>7.8时均生长不良，会出现严重失绿症状。土壤酸度过大，易缺磷、钙、镁；碱度过大，易缺锌、铁、硼、锰等。土层深厚、有机质丰富、排水通气良好的土壤能获得丰产，但对山坡薄地、沙荒地、盐碱地，只要进行科学的改良，也能正常生长并且获得较高的产量。

第二节　矮化自根砧苹果园科学规划

一、生产模式设计

生产模式设计即建设生态型果园，根据果园现有的生物资源和环境资源，通过不同农业产业间的科学搭配，形成合理的生产经营模式。一般分为三类：一是简单的二元结构，如果禽型和果牧型；二是三元结构，即动物、植物和微生物组成，如果、牧、沼高效生态果园；三是多元结构，如观光生态果园。

生态果园是以果业为龙头，以果园生物间物质能量的循环转化为纽带，建立以果园相关生物为主要循环体系的生态模式，对综合利用果树及其他生物资源十分有利，还可以防止水土流失和环境污染，达到果园生态系统内各类生物间的和谐发展，为绿色果品及有机农业提供平台，最终实现经济效益、生态效益及社会效益的可持续增长。所以，果园不论规模大小，均应设计生产经营模式，建立生态果园。

二、栽植小区

为了便于生产管理和机械作业，且防止水土流失和风害，果园常划分为若干个工作区，俗称小区。要实地勘测，依据实际情况划分栽植小区、规划道路系统和排灌系统、设置包装场和建筑物、营造防护林等。必须兼顾园、林、路、渠进行综合规划。小区的大小，因地形、地势、土壤和气候等条件而定。小区是果园土壤耕作、栽培管理的基本单位。

小区的划分根据果园的自然条件、气候条件、果园面积来确定。

平地果园小区面积以4～6hm^{2}为宜，一般为了便于机械操作，通常采用长方形，长宽比为（2：1）～（5：1），小区的长边最好与当地主风向垂直。平地小区的方位，长边应南北向，增强光照，长边与果树行向一致，便于管理。

山地、丘陵果园自然条件差异大，灌溉和运输不方便，小

区划分可因地制宜，灵活进行。生产上常以自然分布的沟坡、渠或道路划分，小区面积小一点，一般为0.67 ～ $4hm^2$，小区形状由地形来定，这样可以减少土壤耕作和排灌等工作的困难，从而提高劳动效率，还可以在一定程度上减少坡地的水土流失。

三、道路设计

果园道路系统也是园区规划的重点。合理布局道路系统，有利于机械化作业和田间管理，能提高劳动效率和减轻劳动强度。

道路系统由主路、支路和小路组成。主路要求位置适中，贯穿全园，内与建筑物相通，外与公路相接，路宽6 ～ 8m，一般呈“之”字形或螺旋形。支路与主路相连，路宽2 ～ 4m，小区以支路为界。小路设在小区内，为小区作业道，路宽1 ～ 2m。以上3种道路互相连通，构成全园道路网，便于活动和提高工作效率。

四、排灌系统

我国整体水资源匮乏、时空分布极不均匀，在建立果园时应以保蓄天然水、节约灌溉水、及时排涝为宗旨，按照果园类型及其存在的最突出的水分问题，科学合理设计安排灌排工程。

排灌系统是苹果园正常管理和防止旱涝灾害的基本保证设施。灌溉系统包括：干渠、支渠和水池等，其规划可与苹果园道路建设相结合。干渠和支渠应设在高处，在上坡沿等高线修筑。

平地果园多为地下水灌溉，或者引江河、溪流、水塘水进行灌溉。地下水为水源时，一般按5 ～ $7hm^2$ 配一眼机井。在灌溉方式上，积极推行管灌、喷灌、滴灌、渗灌等节水高效型灌溉技术。为节省灌溉用水，防止中途渗漏和冲刷，可以修防渗渠或者用管道输水。为了节省土地，水渠尽量与道路、防护林相结合。排水系统由集水沟、支沟、干沟组成。集水沟与果树行向一致，其末端连接支沟，最后汇入干沟，由低处排出。

山地果园坚持以蓄为主、蓄排并重的灌溉工程。可以修小水库蓄水；无条件修水库的可在园地上方，根据地形与降水情况修筑小蓄水池。灌溉水源通过输水配水系统进入果园，进行灌溉。另外，采用梯田保蓄天然降水，并利用梯田背沟作为灌溉水渠和排水沟。用自然沟作总排水沟。

五、建筑物

建筑物要坚持减少用地的原则，按照需要设置在最便于工作的地点，以利于管理和生产。

果园建筑物包括办公室、包装场、贮藏库、管理用房、农机具房、晒场、药池、配药场等。如果是山地果园，畜牧场应设在积肥、运肥方便的稍高处；包装场和贮藏库等可以设在低处；药池和配药场应离水源较近，且应保证安全。

六、营造防护林

秋冬季节多风且风大，常造成苹果树树冠倾斜、叶片破碎、花丛萎蔫，并且吹走肥沃的土壤，造成严重的风蚀，甚至吹折枝干。因此果园周边设置防护林，可以保护苹果树免受风害袭击，并可有效减少土壤水分蒸发，防止雨水冲刷、地面径流和果园坍塌，有利于改善果园的生态条件，保障果树的正常生长发育，提

高果树产量和品质。所以果园防护林的建设十分重要。

果园防护林由主林带和副林带组成。主林带设为迎风面与当地主导风向相垂直，带间距300～400m，由5～8行树木组成。山地果园地形复杂，应因地制宜灵活安排。迎风坡林带宜密，背风坡可稀，并与果园沟、渠、道路、水土保持工程等结合设计配置。山谷、坡地的上部设置不透风林带，下部设置透风林带，以利冷空气排出，防止霜冻危害。

副林带是主林带的辅助林带，并与主林带相垂直，由2～4行树木组成，其作用是阻拦由其他方向吹来的有害风，以加强主林带的防护作用。副林带最好与排水沟、道路、作业区等结合设置。

果园防护林可分为不透风林带和透风林带两种。不透风林带是一种从上到下都很紧密的林带，由常绿乔木、落叶乔木和灌木相结合组成，防护效果好，林带由大、中、小三种不同高度的树冠组成树墙，风遇到林带时被迫上升，超越而过，可以显著降低果园内的风速和水分蒸发。但是由于气流在越过林带不远的地方就下窜，其防护距离较近，并会停滞冷空气，使果树易受霜冻危害。透风林带包括上部紧密、下部透风的半透风林带和上下均匀透风、透光度达20%的全透风林带。风通过透风林带后，风速减低。这种林带保护范围大，通气良好，但局部地区降低风速、增加湿度的效果不及不透风林带。两种林带各有优缺点，应根据具体情况选择采用。

防护林树种应适合当地生长，树体高大，寿命长，枝叶繁茂，防风效果好，并与苹果树没有共同的病虫害，且具有一定的经济价值。灌木要求枝多叶密，适应性广，抗逆性强，如紫穗槐、酸枣、花椒等。

防护林带最好在果树定植前2～3年营造，至少也要与果树定植同时进行。乔木的行距为2～2.5m，株距为1～1.5m，灌木的株行距以1m×1m为宜。

七、主栽品种选择与配置

中国苹果的生产最初是自西向东逐步扩展的，就其生产规模以及气候条件主要分为六个生产区，每个产区适宜栽培品种不同。主栽品种的选择主要取决于三个方面：一是苹果果品市场需求变化；二是栽培区域性；三是苹果浓缩汁加工业的发展。徐州所在的黄河故道产区属于六大产区中的中部苹果产区，年平均气温13～15℃，年降水量650～1 000mm，年日照时数2 300～2 500h，有效积温较高，在4 500℃以上；土壤以冲积沙土为主，pH 7～8，土壤有机质含量低。根据自然条件选择适宜的主栽苹果品种，适地适栽确保果园生产出优质高效的果实。

优良品种

苹果作为世界上一种重要的果树，经历了不同自然条件下长时期的栽培和人工选育，演变形成一个庞大的、丰富多彩的品种群体。世界上的苹果品种在8 000个以上，作为经济栽培的有100多个，其中优良品种20多个。

原产中国的苹果，由于诸多原因保留下的品种不多。当前，中国苹果生产上栽培的品种主要从国外引进，特别是20世纪80年代，中国引入了一大批日本以及欧美苹果品种，例如富士、新红星、乔纳金、新嘎啦等，对中国苹果生产品种的更新换代起到了很大的作用。另外，从50年代开始，中国开展了有计划的苹果选育工作，目前国内也先后培育出一些新品种。以下是部分国内外优良苹果品种。

鲁丽

亲本：藤牧1号×嘎啦

花期：4月上旬

果期：7月底至8月上旬

平均单果重：215.6g

果皮颜色：片红

可溶性固形物：14.0%

可溶性糖：13.1%

可滴定酸：0.30%

熟性：早熟

图3-1　鲁　丽

特征特性

山东省果树研究所选育。鲁丽填补了我国苹果育种早熟品种的空白，性状十分优良（图3-1）。

树势中庸偏强，树姿半开张。成枝力强，萌芽力弱。枝条褐色，表面茸毛中等，皮孔少，较光滑，节间较长，叶片倒卵形，有明显叶尖，边缘锯齿状明显。易成花，顶花芽饱满，有腋花芽结果习性，雌雄蕊发育良好。雄蕊率高，自花授粉。只要花期相遇，一般情况下，授粉良好。也可不配授粉树。

当年能形成稳定的树形，抽生的1年生枝条大部分能形成腋花芽，辅以夏季修剪，也能形成优质的顶花芽。次年全部见果，平均株产4.6kg；3年丰产，平均株产12.4kg。幼树期以中长枝和腋花芽结果为主，进入丰产期，以中短果枝结果为主。

果实圆锥形，大小整齐一致，果形指数0.95，最大果重可达350g，果面着色程度在85%以上，光滑，有蜡质，无果粉。果点小、中疏、平。果心小，果肉淡黄色，肉质细、硬脆，汁液多，甜酸适度，香气浓。果实去皮硬度为$9.2kg/cm^2$，耐贮存。

该品种适应性较强，丰产稳产，经济性状好，可无袋栽培，省人工，且抗病能力强，成熟早病虫害少，高抗炭疽叶枯病、黑星病、霜霉病、褐斑病。

华硕

亲本：美国8号×华冠
花期：4月中旬
果期：8月10日左右
平均单果重：232g
果皮颜色：鲜红
可溶性固形物：12.8%
可溶性糖：12.5%
可滴定酸：0.34%
熟性：早熟

图3-2　华　硕

特征特性

中国农业科学院郑州果树研究所选育（图3-2）。

树冠中大，呈圆锥形，树势生长中庸。成年树主干黄褐色、较光滑，1年生枝红褐色，皮孔中大，茸毛少。叶片浓绿色，平展、中大，叶被茸毛较少。树姿半开张，萌芽率中等，成枝力较低。

果实近圆形，果个较大，果面有光泽，着色面积达70%。果肉绿白色，肉质中细、松脆，汁液多，去皮硬度10.1kg/cm^2，酸甜适口，香味浓郁，果实大，颜色鲜艳，品质优良，贮藏性较好，久贮不沙化、货架期长，果实在室温条件下可贮藏30d左右肉质不沙化，冷藏条件下可贮藏3个月，其耐贮性远超过同期成熟的所有品种，鲜果销售可从8月初一直延伸到双节期间。

信浓甜

亲本：津轻×富士
花期：4月中旬
果期：9月中旬
平均单果重：380g
果皮颜色：鲜红色
可溶性固形物：15%
可滴定酸：0.3%
熟性：中熟

图3-3　信浓甜

特征特性

日本长野县果树试验场选育，我国引入多年，果实口感好，苹果味道纯正（图3-3）。

果个大，果面有光泽，果肉脆、甜且汁液多，风味甜美，去皮硬度为9.8kg/cm^2，成熟期较早，9月中旬可采摘，可延长采收期到10月中旬，口感更好。耐贮藏，室温可贮藏两个月以上，但蜡质层较厚，贮藏期果面容易泛油。无生理落果现象，套袋后着色好，枝干、果实均高抗轮纹病。

树体的栽培性状与富士很像，树势比富士中庸，比富士更容易成花结果，没有采前落果，没有果锈和小裂纹，丰产而稳产，发展前景好。

明月

亲本： 赤城×富士
花期： 4月上旬
果期： 9月中旬
平均单果重： 300g
果皮颜色： 黄绿色
可溶性固形物： 15%
可溶性糖： 14.5%
可滴定酸： 0.32%
熟性： 中熟

图3-4　明　月

1993年从日本群马县直接引入我国青岛。品质极佳，适应性强，丰产性好，稳产，没有大小年结果现象，耐贮藏，9月中下旬成熟，具有较强的市场竞争力（图3-4）。

树势中庸，树姿较开张。树冠高大，主干与多年生枝黄绿色，皮孔椭圆形、中大、微凸、黄白色、明显。1年生枝红褐色，皮孔圆形、多、浅黄色、微凸、明显，枝条基部皮孔数量一般，茸毛少。叶片椭圆形，中大，较厚。叶色浓绿，叶锐尖，叶缘复锯齿、中深，叶姿斜向上，叶背茸毛较少。花瓣呈浓桃红色，花粉多。

幼树生长旺盛，树姿较开张，结果后树势中庸，高接树当年新梢生长量较大，树冠扩展迅速，树体干性强。易成花，幼龄树以长果枝和腋花芽结果为主，成龄树长、中、短果枝和果台副梢均可结果。自然坐果率67.3%，花序坐果率88.2%。早果性强，高接树第2年可少量挂果，平均株产3.2kg，第3年平均株产15.9kg，第4年25.1kg，第5年35.1kg，第6年40.2kg。

果实基本无苦痘病，裂果极轻微，无采前落果，优质果率高，且耐贮藏，套袋贮藏可放至春节。但该品种易感炭疽叶枯病，近年来逐年加重，套纸袋果易发生果肉变色现象。

烟富3号

亲本：长富2号芽变品种

花期：5月初

果期：10月中旬

平均单果重：245 ~ 314g

果皮颜色：偏红

可溶性固形物：14.8%

可滴定酸：0.30%

熟性：晚熟

图3-5 烟富3号

特征特性

山东省烟台市自主选育（图3-5）。

树势强健，以短果枝结果为主，有腋花芽结果习性，进入结果期早，坐果率高，丰产性好；4月中旬开始萌芽，5月初开花，10月中旬为果实成熟期。栽后第3年开始结果。

果实大，果实圆形或长圆形，果形端正；易着色，全红果比例78%～80%。果肉淡黄色，肉质爽脆，汁液多，风味香甜；果实硬度8.7～9.4kg/cm^2，口味佳。10月中下旬成熟，结果早，丰产稳定，适应性强，耐贮藏，取袋后10d左右全红。

瑞雪

亲本：秦富1号×粉红女士
花期：4月中下旬
果期：10月中下旬
平均单果重：296g
果皮颜色：黄白色
可溶性固形物：16%
可滴定酸：0.30%
熟性：晚熟

图3-6　瑞　雪

特征特性

西北农林科技大学选育（图3-6）。

果实圆柱形，底色黄绿，阳面偶有少量红晕，果点小、中多，果面洁净，无果锈。果肉硬脆，黄白色，肉质细，酸甜适口，液汁多，香气浓，品质佳；硬度8.8kg/cm^2。

长势中庸偏旺，树形直立，萌芽率高，成枝力中等。丰产性强，抗白粉病，较抗褐斑病等叶部病害。

瑞阳

亲本：秦冠×长富2号
花期：4月中旬
果期：10月中旬
平均单果重：282g
果皮颜色：鲜红色
可溶性固形物：16.5%
可滴定酸：0.33%
熟性：晚熟

图3-7　瑞　阳

特征特性

西北农林科技大学选育（图3-7）。

长势中庸，树姿开张，萌芽率高，成枝力、适应力强，高产、稳产、易管理。

果实圆锥形或短圆锥形，果面平滑，有光泽。果肉乳白色，肉质细脆，汁液多，味甜，具香气。硬度7.21kg/cm^2。

烟富8号

亲本：烟富3号芽变品种
花期：4月上中旬
果期：10月下旬
平均单果重：315g
果皮颜色：红色
可溶性固形物：14%
可滴定酸：0.30%
熟性：晚熟

图3-8　烟富8号

特征特性

烟台现代果业科学研究所选育（图3-8）。

多年生枝赤褐色，皮孔中小、较密、圆形、凸起、白色。叶片中大，多为椭圆形，叶片色泽浓绿，叶面平展，叶背茸毛较少，叶缘锯齿较钝，托叶小。在牟平地区4月底至5月初开花，10月下旬果实成熟，果实生育期170 ~ 180d。树冠中大，树势中庸偏旺，干性较强，树姿半开张；萌芽率高，成枝力较强。较抗炭疽病、早期落叶病。

果实长圆形，果个大，高桩端正，果形指数0.91，果面光滑，果点稀小，果肉淡黄色，肉质致密细脆。硬度$9.2kg/cm^2$。

瑞香红

亲本：秦富1号×粉红女士
花期：4月上中旬
果期：10月下旬
平均单果重：200.5g
果皮颜色：鲜红色
可溶性固形物：15.9%
可滴定酸：0.24%
熟性：晚熟

图3-9　瑞香红

特征特性

西北农林科技大学杂交选育的晚熟、红色苹果新品种（图3-9）。树

势中庸，树形较直立，萌芽力强，发枝力中等。果实圆柱形，果形端正，果面光洁，果点小，无皴裂，着鲜红色。果肉乳白色，肉质硬脆，风味香甜。硬度10.92kg/cm^2。丰产性强，具有连续结果能力，对苹果白粉病、苹果褐斑病、苹果斑点落叶病和苹果炭疽叶枯病具有较强抗性。

Tips 如何选择主栽品种

选择主栽品种时，要考虑果园的位置、当地的气候、土壤条件、目标市场等因素。

（1）根据当地气候、土壤等环境条件，选出最适合发展的树种、品种。

（2）根据果园的位置、交通情况以及营销环境选择果树的主栽品种。远距离销售选择硬度大、耐贮运的品种；近距离销售选择外观美、品质好的品种。

（3）根据苹果市场的需求、栽培区域性和生产加工业的需要选择适宜的品种。

（4）根据果园管理技术水平、社会效益及果树生产发展的趋势选择适宜的品种。

Tips 品种之间如何配置

（1）因地制宜，根据当地的气候条件，配置与生产地相适应的品种，而且考虑果园地理位置和交通条件，对应发展不同品种。

（2）配置早、中、晚熟品种，延长果实的供应期。

（3）明确果园发展的目的，选择最适合的品种配置。

八、授粉树的选择和配置

授粉树的主要作用是提供花粉，在保证主栽品种充分授粉的前提下，授粉树的株数宜少不宜多，否则会影响产量和经济效益。为使主栽品种易于得到花粉，授粉树应采用中心栽植方式定植在主栽品种的株间或行间。

在较大型果园（2～3.5hm^2）中配置授粉树时，可以在路边以及每行的两头配置专用授粉树。在大型果园（3.5hm^{2}以上），应当沿着小区的长边方向，按行列式大量栽植，通常3～4行主栽品种配置1行授粉品种。

如果是已建成的1～3年生新果园没有配置授粉树，要按比例补栽专用授粉树大苗。4年以上的果园没有配置授粉树，可用高接的方式补接授粉枝，每株或隔株只在树冠顶部改接2～3个主枝（或大辅养枝）为授粉品种，以保证全园的授粉树或授粉品种的大枝占全园树或大枝的5%左右为准。

温馨提示

修剪时不过于强调树形，避免过重短截、疏枝刺激。在不影响光照通透的前提下尽量多留枝，扶持树体健壮生长。

第三节　现代矮化自根砧集约化栽培模式

一、矮化砧木的选择

采用矮化栽培可以使树体矮小、提早结果、改善品质、增加

产量，提高土地利用率，易控制根系、树冠，增强光合能力，便于营养物质的积累；且具有管理技术简单、容易标准化生产、便于机械化作业、节省劳动力等优点，本节数据来源于2015—2019年以M9T337为自根砧的矮化苹果在江苏徐州丰县的试验研究结果。砧木M9T337，是无病毒M9选拔系，比M9矮化程度大20%，具有育苗简单、园貌整齐、结果早、产量高、品质好等优点，通常两三年即可形成可观产量。早在20世纪初期，苹果的矮化砧木就已经有研究，发展到现在苹果矮化砧木在生产栽培上的应用已经相当普遍。

二、适宜栽培密度

矮化密植栽培是目前果园高效生产的一种模式。合理密植可以改善果园通风透光条件，提高光能利用率，提高产量，使苹果树具有树型小、产量高、果个大、品质优等特点。同时还能提高土地资源利用率，便于生产管理，节省人力物力，降低生产成本。为找出适宜的栽培密度，提高果园经济效益，研究不同组合宽行密植栽培对树体生长势、叶面积指数、果实品质等方面的影响。本试验在江苏丰县果树试验站进行，供试苹果苗于2014年春季定植。依据不同栽植密度，于2016年3月底，在每个不同栽植密度区域选择32株长势基本一致的树，对其生长发育情况、叶面积指数与叶绿素含量、果实品质进行调查，在2016年原试验树的基础上，2017—2018年进行跟踪调查，调查方法与技术路线与2016年相同（表3-1）。

表3-1 不同栽培密度下树体生长发育情况的调查

年份（树龄）	栽培密度（m）	主干粗度（mm）	主干周长（cm）	株高（cm）
2016年（3年生）	1×4	49.24±0.76a	17.58±0.47a	395.33±5.69a
	1.5 ×4	46.54±0.57b	15.07±0.42b	353.33±9.02b
	2×4	45.11±0.29c	13.7±0.5c	308.5±3.54c

（续）

年份（树龄）	栽培密度（m）	主干粗度（mm）	主干周长（cm）	株高（cm）
2017年 （4年生）	1 ×4	69.07±0.36a	22.5±0.56a	435.96±8.35a
	1.5×4	66.32±0.46b	21.2±0.42b	423.15±4.82b
	2×4	64.96±0.28c	20.4±0.36c	409.87±9.62c
2018年 （5年生）	1×4	86.42±018a	28.5±0.64a	485.96±7.28a
	1.5 ×4	83.27±0.58b	27.2±0.24b	473.15±8.46b
	2×4	78.64±0.32c	26.7±0.36c	460.76±6.52c

注：表中同列不同小写字母表示差异显著（$p<0.05$）。全书同。

从上述三年数据中，可以明显看出幼树期栽培密度为1m×4m时，主干粗度、周长、株高相比其他栽培密度较为优良。

从表3-2可以看出，幼树期栽培密度为1m×4m时叶面积指数最大，并且随着株距的增大，叶面积指数下降；当栽培密度为2m×4m时，苹果树叶片叶绿素含量最大，并且随着月份和年份的增加，叶面积指数和叶绿素含量也随之增加。

表3-2 不同栽培密度叶面积指数与叶片叶绿素含量

年份（树龄）	栽培密度（m）	叶面积指数	7月叶绿素含量（SPAD值）	8月叶绿素含量（SPAD值）
2016年 （3年生）	1 ×4	2.47±0.15a	54.89±0.39b	60.87±0.55a
	1.5 ×4	1.98±0.04b	55.34±0.32ab	60.94±0.4a
	2×4	1.45±0.14c	55.87±0.49a	61.92±0.58a
2017年 （4年生）	1 ×4	3.05±0.12a	55.52±0.32ab	62.79±0.48a
	1.5 ×4	2.63±0.15b	58.79±0.27a	61.45±0.52a
	2×4	2.15±0.23c	58.89±0.28a	62.27±0.58a
2018年 （5年生）	1 ×4	3.18±0.18a	51.78±0.10ab	64.39±0.26a
	1.5 ×4	2.75±0.17b	56.16±0.29a	63.27±0.76a
	2×4	2.62±0.24c	57.84±0.12a	63.46±0.49a

由于三年间果实品质数据相似，取其平均值分析不同栽培密度处理对苹果产量和品质的影响（表3-3）。从试验数据可以看出，不同栽培密度下苹果产量存在显著差异，在幼树期当栽培密度1m×4m时，平均产量较高，而且果实综合性状良好；栽培密度为1.5m×4m时，单果重最重，果形指数、果实硬度、可溶性固形物含量差异不明显。

表3-3　不同栽培密度的果实品质和产量（2016—2018年平均）

栽培密度（m）	单果重（g）	果形指数	硬度（kg/cm^2）	可溶性固形物（%）	可溶性糖（%）	可滴定酸（%）	每亩产量（kg）
1×4	300.03	0.84	8.63	13.54	8.66	0.20	2 316
1.5×4	305.23	0.81	8.31	13.53	8.28	0.20	1 718
2×4	300.33	0.84	8.09	13.62	8.31	0.20	1 435

根据各种指标的测定结果，矮化密植栽培的适宜栽培密度为1m×4m，比较有利于苹果的生长发育，可以使果树发育良好，果实优质生产。

温馨提示

但需要注意的是1m×4m的树体过于高大，不利于机械化操作，在果园管理的时候，要求水平较高，否则3年后容易株间树体交叉，影响群体通风透光，并且使管理难度加大，病虫害防治难度增加，导致人力成本显著提高，所以综合来看在江苏地区最适宜的苹果矮化自根砧栽植密度为（1.5～2.0）m×（4～5）m。

三、砧木地面定植高度

砧木地面高度过低，树体生长旺盛，果实品质下降，叶片叶绿素含量下降，产量低；砧木地面高度过高，树体生长受到抑制，果实品质受到影响，光能利用率下降，产量也低。试验研究5种不同定植高度下果树的生长发育情况和群体结构、叶绿素含量、果实产量和品质、叶片矿质元素含量，选择最适宜的砧木地面定植高度。即：矮化砧木定植后地面高度0cm以下为第1组，矮化砧木定植后地面高度0cm以上、小于4cm为第2组，高度4cm以上、小于8cm为第3组，高度8cm以上、小于12cm为第4组，高度12cm以上为第5组（图3-10），研究不同矮化砧木高度对果树生长发育、果实品质、叶片矿质元素含量等的影响，选择最适合果树生长发育的矮化自根砧定植高度。供试苹果苗为M9T337矮化自根砧带分枝的大苗，2014年春季定植，主栽品种烟富10号，授粉品种为红玛瑙海棠，定植行株距为4m×2m，对定植高度没有统一要求，所以砧木地面高度不一致。在园区依据砧木距地面不同高度范围随机选取30株长势基本一致的树，对其生长发育、群体结构、叶绿素含量、果实品质、叶片矿质元素含量进行调查测定。

图3-10　砧木距地面高度

表3-4所示，树体高度和干周随着砧木地面高度的增加而降低，说明地面上矮化砧木高度会明显影响树体生长量，促进树体矮化。从枝条生长量和树势来看，砧木地面高度在4cm以下，树

表3-4　砧木地面不同高度对树体生长发育的影响

年份（树龄）	处理	干周（cm）	株高（cm）	干周变化量（cm）	株高变化量（cm）	新梢长度（cm）
2016年（3年生）	第1组	13.43±0.47a	291±3.21ab	6.38±0.01a	104.2±0.1a	22.59±0.28bc
	第2组	13.03±0.38ab	296.4±3.6a	5.94±0.01b	99.5±0.82b	21.97±0.32c
	第3组	12.6±0.3b	281.67±4.26b	5.88±0.01b	80.4±1.1d	24.19±0.73a
	第4组	11.77±0.42c	286.33±3.48a	4.9±0.32c	93.4±0.5c	23.01±0.69b
	第5组	11.35±0.21c	278±1.53c	6.08±0.07b	61.0±2e	21.93±0.35c
2017年（4年生）	第1组	19.81±0.32a	395.4±4.35a	8.32±0.01a	106.2±0.1a	23.34±0.28ab
	第2组	18.97±0.41a	387±3.28ab	5.63±0.01b	97.8±0.82b	21.37±0.32b
	第3组	18.48±0.23ab	361±5.46b	5.14±0.01b	82.3±1.1d	23.25±0.37ab
	第4组	16.67±0.34c	376±2.89ab	4.35±0.32c	89.5±0.3c	23.34±0.45ab
	第5组	17.43±0.52b	359±5.12b	6.45±0.07ab	66.4.0±2e	25.12±0.33a
2018年（5年生）	第1组	21.08±0.91a	397.8±7.43a	7.35±0.1a	78.9±5.69a	22.97±0.19ab
	第2组	19.15±0.80b	378±8.26ab	5.79±0.08b	73.99±10.21a	21.67±0.34b
	第3组	20.36±0.35ab	368±4.98b	5.51±0.02b	61.01b±7.64b	23.72±0.26a
	第4组	18.62±0.74c	381±7.56ab	4.63±0.05c	68.59±8.35b	23.18±0.31a
	第5组	19.73±0.58b	356±3.52c	6.27±0.03b	47.78±13.65c	23.53±0.57a

势生长旺盛，树体高大不易管理；砧木地面高度12cm以上，树体生长势比较弱；砧木地面高度在4 ～ 12cm时，树体生长势比较中庸，枝条生长量适中，因此为保证适宜的树体生长势，砧木地面高度应选择在4 ～ 12cm比较合适。

根据表3-5，从三年数据可以看出，随着树龄的增长，光合有效辐射和叶面积指数也随之增加。2016年第3组处理光合有效辐射上部和下部均为最大且其比值也最大；2017—2018年第四组处理效果最佳。对于叶面积指数，2016年第3组处理效果最佳，而2017—2018年均为第1组处理效果较好，第3、4组次之，明显高于其他各组。

表3-5　砧木地面不同高度对树体群体结构的影响

年份（树龄）	处理	光合有效辐射[μmol/(m · s)]（上部）	光合有效辐射[μmol/(m · s)]（下部）	光合有效辐射比值	叶面积指数
2016年（3年生）	第1组	694.87±7.42a	163.6±4.42a	0.24	1.25±0.02d
	第2组	679.9±7.02b	152.07±3.64b	0.22	1.39±0.01c
	第3组	698.87±8.2a	165.2±3.82a	0.24	1.59±0.02a
	第4组	693.82±5.26a	151.37±5.01b	0.22	1.5±0.02b
	第5组	690.07±4.78ab	142.5±3.6c	0.21	1.34±0.02c
2017年（4年生）	第1组	1 076.92±8.35ab	285.1±2.42c	0.27	2.79±0.02a
	第2组	1 073.53±6.53ab	369.9±3.45b	0.35	2.45±0.01a
	第3组	1 112.35±7.63a	317.2±4.12b	0.28	2.17±0.02ab
	第4组	1 176.27±8.12a	630±2.36a	0.54	1.86±0.02b
	第5组	1 065.52±8.67ab	309±3.15b	0.29	2.49±0.02a
2018年（5年生）	第1组	1 223.00±7.54a	270.75±8.63b	0.16	3.78±0.02a
	第2组	1 333.33±3.92b	234.50±6.48c	0.19	3.08±0.03b
	第3组	1 287.63±5.49b	232.96±7.59c	0.19	2.79±0.01c

（续）

年份（树龄）	处理	光合有效辐射 [μmol/(m · s)]（上部）	光合有效辐射 [μmol/(m · s)]（下部）	光合有效辐射比值	叶面积指数
2018年（5年生）	第4组	1 262.13±6.81b	294.63±9.57a	0.23	3.15±0.02b
	第5组	1 294.25±7.43b	274.58±7.38b	0.22	2.85±0.01c

叶绿素可以吸收红光，SPAD是依据光谱的原理在特定波长下释放红光，经叶绿素吸收后有一个差值，依据差值的大小判断出绿色的相对值。三年试验数据相差较小，取其平均值进行分析。从表3-6可以看出，随着砧木地面高度的增加，叶片叶绿素含量呈先增加后减少的趋势，第四组处理的叶片叶绿素含量最高，且8月叶绿素含量高于7月。

表3-6　砧木地面不同高度对叶绿素含量的影响

处理	7月叶绿素含量（SPAD值）	8月叶绿素含量（SPAD值）
第1组	53.385	59.43
第2组	53.59	59.33
第3组	57.24	59.775
第4组	56.73	60.05
第5组	55.835	59.44

因砧木地面不同高度对果实品质和产量影响规律相似，取其平均值进行分析。从表3-7中可以看出，第5组处理单果重最大，第3组次之，显著高于其他各组；果形指数方面无明显差异；可溶性固形物含量先升高再下降，第4组处理可溶性固形物含量最高；第5组处理可溶性糖含量最高，第2组和第4组次之，显著高于其他处理；可滴定酸5个组之间均无显著性差异；第2、3组产量较高，且两组之间没

有明显差异，但与其他组之间有明显差异，第5组产量最低。

表3-7　砧木地面不同高度对果实品质和产量的影响

处理	单果重（g）	果形指数	可溶性固形物（%）	可溶性糖（%）	维生素C（mg/kg）	可滴定酸（%）	产量（kg/hm²）
第1组	269.215	0.81	12.865	6.785	1.89	0.215	13 817.42
第2组	267.85	0.82	13.42	7.955	2.055	0.22	15 282.25
第3组	286.99	0.815	13.46	7.64	1.75	0.195	15 361
第4组	242.625	0.795	13.98	7.905	1.655	0.175	14 313.48
第5组	292.32	0.83	13.15	8.81	1.63	0.24	13 306.06

取三年数据平均值进行分析，第1组处理7、8月叶片磷含量显著高于其他处理，分别达到1.68mg/g和1.69mg/g；7月第2组处理的叶片磷含量最低，为1.43mg/g，8月第5组处理的叶片磷含量最低，为1.30mg/g，并且8月第4、5组处理的叶片磷含量相对于7月显著降低。第2组7、8月叶片氮含量最高，分别为23.36mg/g和23.8mg/g，随着砧木距地面高度的增加，叶片含氮量随之降低。第1组7、8月的叶片钾含量最高，分别为12.44mg/g和11.92mg/g，8月第3、4、5组处理的钾含量相对于7月显著降低。第3组7、8月的叶片锌含量均为最高，分别为74.54mg/kg和79.43mg/kg，并且8月的含量相对于7月增大。第1组处理7月的叶片铁、锰、钙、铜含量最高，分别为388.63mg/kg、115.62mg/kg、22.71mg/kg和28.43mg/kg；8月叶片铁含量最高的是第5组处理，相对于7月显著提高；叶片锰含量相对于7月显著降低，叶片钙含量与7月的相差不显著，但叶片铜含量除第1组外，相对于7月有显著提高。7月第4组处理叶片镁含量最高，为4.87mg/g，与第5组处理没有显著差异，与其他组之间有显著差异（表3-8）。

表3-8　砧木地面不同高度对富士苹果叶片矿质元素含量的影响

处理时间	处理	P（mg/g）	Zn（mg/kg）	Fe（mg/kg）	Mn（mg/kg）	Mg（mg/g）	Ca（mg/g）	Cu（mg/kg）	K（mg/g）	N（mg/g）
7月	第1组	1.68±0.07a	70.04±1.46b	388.63±23.59a	115.62±8.7a	4.36±0.07b	22.71±0.06a	28.43±1.99a	12.44±0.09a	22.11±0.65a
	第2组	1.43±0.04c	59.18±3.23c	296.43±24.81b	87.24±9.83b	3.95±0.06d	19.63±0.25b	16.8±0.87c	9.53±0.05c	23.36±0.38a
	第3组	1.62±0.02ab	74.54±1.45a	337.7±24bc	105.66±7.87a	4.14±0.19c	19.14±0.06b	17.8±0.96c	10.26±0.28a	23.2±0.37a
	第4组	1.56±0.08b	71.71±1.85ab	354.23±9.38b	110.46±2.93a	4.87±0.07a	19.01±0.33b	20.16±1.35b	9.76±0.15bc	20.96±0.84b
	第5组	1.53±0.05bc	69.1±0.82b	299.4±24.75b	109.72±14.88a	4.71±0.02a	19.39±0.14b	18.11±0.35bc	9.90±0.12b	21.7±0.92ab
8月	第1组	1.69±0.09a	76.5±3.48a	370.17±21.47a	90.7±2.29a	4.44±0.07b	24.87±0.12a	27.6±1.04a	11.927±0.27a	21.76±0.39b
	第2组	1.44±0.05bc	61.03±7.01bc	282.67±24.06b	72.13±5.35b	3.95±0.06c	20.67±0.21b	20.62±0.71ab	9.32±0.11b	23.8±0.27a
	第3组	1.51±0.07b	79.43±4.98a	314.13±21.81b	82.48±2.62b	4.54±0.09b	19.97±0.19b	18.57±1.03b	9.04±0.17c	22.96±0.15a
	第4组	1.39±0.03cd	78.68±3.24a	346.47±42.21ab	83.57±2.88c	4.90±0.13a	21.58±0.12b	24.18±6.23a	9.28±0.29b	22.48±0.22a
	第5组	1.30±0.03d	68.7±3.99b	388.11±12.44a	88.1±1.87ab	4.04±0.08c	19.78±0.08b	25.66±2.07a	9.19±0.23c	21.36±0.5b

砧木地面高度在4 ～ 12cm时，树体生长势比较中庸，枝条生长量适中，既能保证树体生长势，又能起到矮化的作用，并且叶片和果实营养分配较均衡，果品产量和果实品质也较好。由此可见，砧木高度在4 ～ 12cm时适合果树生长发育。

四、适宜的拉枝角度

拉枝，是人为改变枝条的生长角度和分布方向的一种整形方法，合理拉枝便于机械化管理，可以保持树势均衡，使产量提高、品质提升。果树初期如果拉枝不当，会影响树势结构，导致树冠上强下弱，树冠高大。不同拉枝角度对苹果生长发育的影响不同，要选择最适合果树生长发育的拉枝角度。

本文对3年生和2年生树体进行不同角度拉枝，并比较其生长发育情况。于2016年4月中旬依据不同拉枝角度，每个处理选择5株长势基本一致的3年生树体，拉枝角度分别为100°、110°、120°。每株果树选择4根枝条进行拉枝，枝条的长度必须大于30cm，生长势相对一致，无病虫害，离开地面1.0 ～ 1.5m高；这些枝条基本处于同一个水平面，高度差控制在10cm范围内。拉枝时按照“一推二揉三压四固定”的技术规程一次性拉枝成形（图3-11）。拉枝后调查测定其生长势、叶绿素含量、花芽分化、果实品质、矿质元素含量等。

图3-11　拉　枝

为了更好地反映不同拉枝角度对苹果枝条生长发育的影响，在2016年原试验树的基础上，2017年和2018年跟踪调查，

调查方法和技术路线与2016年相同。

随着树龄的增长，枝条长度逐年增加，2016年和2017年当拉枝角度为120°时，其生长势最弱，且随着枝条角度的减小，生长势逐渐增强。2018年却呈现相反趋势，可能是由于枝条拉枝角度太大，造成枝条的弓背效应明显，后期生长呈现爆发生长趋势（表3-9）。

表3-9　不同拉枝角度对树体生长势的影响

年份（树龄）	不同角度	枝条长度（cm）	长度生长量（cm）	枝条粗度（mm）	粗度生长量（mm）
2016年（3年生）	120°	147.2±2.62b	22.63±0.18c	19.89±0.56b	2.71±0.21c
	110°	151.6±4.71b	23.68±0.13b	23.51±0.45a	3.59±0.17b
	100°	163.1±2.91a	25.29±0.28a	24.23±0.35a	5.2±0.2a
2017年（4年生）	120°	169.2±2.62b	21.33±0.18c	22.60±0.56b	2.45±0.22c
	110°	174.6±4.71b	22.47±0.13b	27.01±0.45a	3.45±0.18b
	100°	188.1±2.91a	23.31±0.28a	29.43±0.35a	4.23±0.23a
2018年（5年生）	120°	198.2±4.63a	21.47±0.16c	28.19±0.27a	4.92±0.16a
	110°	189.6±5.08b	22.93±0.14b	26.43±0.36a	3.75±0.23b
	100°	193.4±3.42b	24.15±0.17a	28.57±0.28b	5.02±0.14c

从三年数据平均值可以看出，当拉枝角度为120°时，7月和8月3年生树体的叶片叶绿素含量最高，且叶绿素含量随着月份的增加而增大（表3-10）。

表3-10　不同拉枝角度对叶绿素含量的影响

拉枝角度	7月叶绿素（SPAD值）	8月叶绿素（SPAD值）
120°	56.03±0.25b	58.22±0.75a
110°	54.90±0.59a	58.09±0.45a
100°	54.84±0.66c	56.81±1.21a

从三年的数据可以看出，2018年总芽数和花芽数骤增，且拉枝角度为110°时，总芽数较多，花芽数也远超其他处理的花芽数，充分说明了拉枝角度为110°时更有利于花芽的分化形成，对次年的花量和果量有较好的促进作用（表3-11）。

表3-11 不同拉枝角度对花芽分化的影响

年份（树龄）	拉枝角度	总芽数（个）	花芽数（个）	花芽分化率（%）
2015年（2年生）	120°	47.67±3.06a	10.33±1.15bc	21.67±0.37b
	110°	47.33±1.53a	13.67±1.53a	28.89±1a
	100°	44.33±1.15a	11.67±1.15ab	26.33±1ab
2016年（3年生）	120°	54.6±1.28a	34.2±1.25b	62.6±0.97b
	110°	56.0±0.75a	37.5±0.44a	66.9±0.59a
	100°	55.8±1.66a	28.5±1.1c	51.1±0.66c
2018年（5年生）	120°	286±1.56a	76±1.25bc	26.62±0.56b
	110°	324±1.78a	113±1.86a	34.84±0.98ab
	100°	261±1.94a	67±0.46a	25.76±1a

随着树龄的增长，果实单果重逐年增加，但拉枝角度对其影响趋势一致，此处取其调查三年的平均值进行分析。可以看出，拉枝角度为110°时，除果形指数外，其余品质均显著高于其他处理，果实品质较优（表3-12）。

取其三年平均值进行分析，7月和8月不同拉枝角度对叶片矿质元素的影响大体相同，从数据可以看出，当拉枝角度为100°时，叶片含磷、锌、铁、钙量较高，当拉枝角度为110°时，叶片含锰、钾、氮量较高（表3-13）。

表3-12　不同拉枝角度对果实品质的影响

拉枝角度	单果重（g）	果形指数	硬度（kg/cm^2）	可溶性固形物（%）	可溶性糖（%）	维生素C（mg/kg）	可滴定酸（%）
120°	304.47±2.56a	0.89±0.02ab	8.57±0.15ab	13.39±1.12a	12.26±1.21c	13.66±0.89a	0.19±0.01a
110°	314.80±2.45a	0.86±0.04a	8.70±0.42a	13.86±1.32b	13.22±1.20c	14.55±0.75a	0.19±0.02a
100°	296.72±3.14a	0.84±0.15b	8.40±0.26a	13.41±1.21a	12.02±1.16b	15.09±075a	0.19±0.01a

表3-13　不同拉枝角度对叶片矿质元素的影响

时间	拉枝角度	P（mg/g）	Zn（mg/kg）	Fe（mg/kg）	Mn（mg/kg）	Mg（mg/g）	Ca（mg/g）	Cu（mg/kg）	K（mg/g）	N（mg/g）
7月	100°	2.70±0.07a	95.75±2.99a	495.79±13.32a	78.73±2.56a	5.33±0.14c	37.44±0.86a	143.4±8.19c	9.69±0.11a	22.64±0.65b
	110°	2.37±0.07b	60.65±8.92b	471.07±13.73a	82.75±3.31a	5.92±0.08b	29.92±4.26b	312.96±10.38b	10.48±0.68a	24.67±0.45a
	120°	2.29±0.1b	68.08±6.46b	471.77±20.99a	77.66±1.69a	6.29±0.08a	30.21±0.98b	369.24±7.66a	9.64±0.05a	22.89±0.72b
8月	100°	1.83±0.11a	78.57±2.66a	442.61±22.32a	53.36±2.41c	4.74±0.14b	29.77±1.13a	165.93±10.66c	9.36±0.23b	23.14±0.35b
	110°	1.72±0.08ab	58.47±4.06c	435.29±33.24a	74.3±1.91a	5.53±0.15a	25.34±1.288b	337.08±15.3b	10.25±0.42a	25.14±0.75a
	120°	1.59±0.11b	66.013 3±3.35b	376.215±14.02b	65.39±2.55b	5.72±0.22a	25.93±1.29b	385.40±17a	9.69±0.28b	24.66±0.7a

拉枝处理改变了树体通风透光条件，提高了光合效能，增加了光合产物的积累，有利于拉枝部位果实品质的提高。拉枝角度增大后，树冠透光性得到改善，果形端正，果实纵横比增大，果形指数增大。苹果树的拉枝角度应尽量控制在110°左右。拉枝角度过小，枝条生长势旺盛，营养分配不均衡，不利于花芽的形成；拉枝角度过大，枝条的生长受到抑制，削弱树势。

第四章 矮化自根砧苹果园土、肥、水管理

第一节 土壤管理

一、苹果根系生长分布

（一）苹果根系的类型与分布

苹果的根系分为实生根系和茎源根系。由种子胚根发育而来的根称为实生根系，由主根、侧根和须根组成，主根发达，生活力和适应性强；由茎上产生的不定根而形成的根系称为茎源根系，如由压条、扦插繁殖而得到的苗木的根系，茎源根系没有明显的主根，根系分布较浅，适应性和抗逆性较差。

苹果的根构型可以分为5类，即浅层多分枝根型、疏远营养根型、均匀分枝根型、分层营养根型和线性团状根型。苹果幼苗根构型可以分为：无侧根、侧根集中分布于主根上部、侧根集中分布于主根中部和上部、侧根集中分布于主根中部、侧根集中分布于主根下部、侧根集中分布于主根中部和下部、侧根集中分布于主根两端和侧根在主根上均匀分布。

（二）影响苹果根系生长的因素

1.土壤水分与通气状况　土壤环境适宜时，根系生长旺盛。土壤含水量达田间最大持水量的60%～80%时，最适合苹果树根系的生长。缺水时，根系发育不良；水分过多则造成通气不良，

根系代谢产物和其他有毒物质大量积累，使根系受害，甚至造成窒息而死亡。

2.树体营养状况　树体自身的营养与根系的生长、水分、无机营养的吸收和有机物质的合成有关。当苹果树结果过多或者叶片受到损害时，有机营养供应不足，根系生长明显受到抑制。适量挂果，加强病虫害防治，保护叶片，对根系生长十分重要。

3.土壤有机质含量　土壤的有机质含量是影响根系生长的重要因素，有机质含量高时，可以调节土壤温度、水分和通气状况，促进根系发生更多的吸收根；有机质含量低时，则不利于果树的生长发育，根系生长弱。

二、土壤深翻

在山地、丘陵、河流故道上建立的果园，一般情况下土壤贫瘠，有机质含量少，氮、磷、钾不足，土壤肥力较低，土层一般不超过50cm，不能满足苹果生长发育的要求；有些果园盐离子浓度高，盐碱危害重，抑制根系生长；或因管理不当，还存在着水土流失的现象。此时需要对土壤进行深翻熟化，一是可以有效打破土地的犁底层，加深耕作层，促进果树健康生长；二是极大地提高了土地蓄水保墒能力和抗旱除涝能力；三是可以培肥地力，经过深松的地块，土壤中气体的有效交换得到了改善，土壤的好气性微生物数量增加，矿物质得到有效分解；四是可以提高果树的单产水平。

（一）深翻时期与选择

1.秋季深翻　秋季深翻是果园深翻最好的时期，此时深翻可切断部分细根，有利于伤口愈合，促发新根生长，从而增进对养分的吸收，增加树体养分贮存，充实花芽，为来年树枝抽梢、丰

产提供足够的营养物质，正好用于春季萌芽、开花，对第二年的生长和结果都有很好的影响。

温馨提示

但在干旱无水浇条件或沙性土壤的果园，秋季深翻容易使根系干旱或冻伤，故不宜进行秋季深翻。

2.春季深翻　宜在土壤解冻后至萌芽前进行，春季化冻后，土质疏松，根系刚开始活动，生长缓慢，伤根容易愈合，此时深翻可节省人力，降低深翻成本。

温馨提示

春季深翻施入的有机肥应充分腐熟，但是干旱缺水及寒冷地区，不宜春季深翻。

3.夏季深翻　夏季深翻最好在根系第一次生长高峰过后、雨季来临前进行，深翻后降水不易流失，容易保蓄。若在没有水浇条件的旱地，可结合压绿肥进行深翻，为减少伤根过多，可以隔行或隔株深翻。

温馨提示

但是夏季地上部分活动旺盛，深翻后伤根太重，易导致落果。所以果树一般不宜在夏季进行深翻。

4.冬季深翻　一般在入冬之后、冰封之前进行。深翻的深度应适宜，并依土壤特性、微生物活动、作物根系分布规律和养分状况来确定。

温馨提示

但是冬季深翻，伤根不易愈合，而且容易发生冻根现象，若在此时深翻，应及时回填土壤并浇水，防止冻根。对耕层浅的土地，要逐年加深耕层，深翻的同时还应配合施用有机肥。冬季严寒地区不宜进行冬季深翻。

（二）深翻深度与方式

深翻熟化是土壤改良的有效措施，也是果园土壤管理的基本方法。通过深翻可以改变土层紧实、孔隙度小、透气性差等不利于果树生长的因素，可以改善土壤结构和理化性质，提高土壤熟化程度和肥力，促进根系纵向伸长和横向分布，明显增加根的密度和数量。

1.深翻深度　深翻深度以比苹果树主要根系分布层稍深为宜，根据苹果树根系生长规律而定。一般幼园较浅，深度以25～30cm为宜，成龄园深翻深度50～60cm。同时，要注意土壤结构、土质、劳动力和物资条件等情况。适度的深翻，能熟化土壤，增强土壤的通气透水性，提高土壤的供水供肥能力，有利于果树根系向深度和广度生长，扩大根系吸收面积，提高根系吸收能力。

2.深翻方式

（1）扩穴深翻。结合施秋肥，幼树期间，在挖坑栽植的基础上，从定植穴边缘或冠幅以外逐步向外扩大定植穴，每年或隔年扩挖0.5～1m，深度为0.6～1m，并施入有机肥，直至株、行连通。

（2）隔行（株）深翻。为了防止伤根过多，以及对果树生长发育影响过大，可以采取隔行或隔株深翻的方式，隔一行翻一行，逐年分期深翻，多施有机肥，每次只伤一侧根系。相对平整的果

园可以采取机械作业的方式进行。

（3）对边深翻。从果树定植边缘开始，以相对两面轮流向外扩展深度，几年后全园深翻一遍，这种方式伤根少，省工省力。

（4）全园深翻。除树盘范围内的土壤外，一次性进行深翻。便于机械化施工和平整土地，但是范围大，耗费人力，伤根过多。这种深翻方式有利于果园平整和后期耕作。

（三）深翻技术流程规范

1.挖土　将挖出的表土和心土分别堆放，并及时剔除翻出的石块、粗沙及其他杂物。深翻时应尽量少伤根，特别是粗度在1cm以上的主侧根，露出的根系要注意保护，不可暴晒或受冻，对挖断的较粗根系用修枝剪剪平断面。

2.回填　先把表土与秸秆、杂草、落叶等混合填入底部，再结合果园施肥，将有机肥及速效肥与表土拌均匀填入上部，边填边踏实。表土不足时可从其他部位取用。最后将心土撒在地表行间。

3.浇水　深翻后全园灌一次透水，使根系和土壤密接，促使根系恢复生长。

三、土壤管理制度

（一）清耕法

清耕法是指在生长季内进行多次浅清耕，使地表处于裸露状态，果树株、行间常年保持松土除草，不间作任何绿肥作物或农作物，使园内土壤能够保持疏松无杂草的状态，避免杂草与树体竞争养分和水分。

果园清耕对杂草防治效果高，土壤通气性和透水性得到改善，有助于早春地温上升，根系活动早，促进养分和水分的吸收，对有机物分解和促进氮素的无机化影响很大。

但是清耕法仅使土壤表土物理性状得到局部改善，长期清耕，土壤矿质化严重，会使土壤腐殖质的含量降低，土肥水流失严重，土壤结构遭到破坏，作物害虫天敌减少，影响果树的生长发育，所以要维持和提高地力就要大量补充有机物。

（二）生草法

生草法指全园种草或行间带种草（图4-1）。

图4-1　生草法

1.草种的选择　应选择易于种植、适应性强、鲜草量大、矮秆、浅根性的草种。自然生草应选留具有无木质化或半木质化茎、茎叶匍匐、矮生、覆盖面大、须根多、耗水量小、适应性广的草种，以1年生草种为主。如马唐、虱子草、虎尾草、绿狗尾草、车前草、蒲公英、荠菜、马齿苋、野苜蓿、黑麦草、委陵菜、三叶草、蛇莓、五皮风等，都可以作为自然生草种类利用。

2.草的种植与管理

（1）播种时期。可进行春播和秋播。

春播：3 ~ 4月。

秋播：9 ~ 10月（种麦前后）。

播种前进行细致整地，然后灌水，墒情适宜时播种。通常土壤提前用除草剂处理，选用在土壤中降解快、广谱性的种类，如高效氟吡甲禾灵或草甘膦三氯吡。也可播种前先灌水，诱使杂草出土后施用除草剂，过一段时间再进行播种。

（2）播种方法。行间条播或撒播。

条播：开20cm左右条状沟，播种后覆土。

撒播：先播种，然后均匀撒1层土。

覆土厚度根据种子大小、出土能力等而确定，如黑麦草为2 cm、紫花苜蓿1.5cm、鼠茅草1cm。

撒播每亩用种量：黑麦草0.8kg、紫花苜蓿1kg、鼠茅草2.2kg。

条播每亩用种量：黑麦草0.4kg、紫花苜蓿0.5kg、鼠茅草1.2kg。

（3）播后管理。出苗后根据墒情及时灌水，特别是在生长季前期，每667m^{2}随水施氮肥约10kg。最好在每次刈割后施肥1次，也可随果树施肥一同进行。另外，注意及时去除那些容易长高、长大的杂草。

（4）刈割。1个生长季刈割2 ~ 4次。一般在草长到30cm以上时刈割。留茬高10cm左右，禾本科草要保留心叶下的生长点；豆科草要保留1 ~ 2节枝茎。进入秋季不再刈割，冬季留茬覆盖。刈割时，先保留周边不割，给昆虫或天敌保留一定的生活空间，等内部草长出后，再将周边的草割除，割下的草直接覆盖在树盘周围的地面上。一般情况下果园生草5 ~ 6年后，草逐渐老化，要及时翻压，休耕1 ~ 2年后再重新播草种。

果园生草的好处

（1）防止或减少水土流失，改良沙荒地和盐碱地。生草法减少了土壤耕作工序，草在土层中盘根错节，固土防沙能力增强；同时在生草条件下土壤颗粒发育良好，土壤的“凝聚力”大大增强；生草覆盖地面，地温变化小，水分蒸发少，盐碱土壤返碱程度轻。

（2）提高土壤肥力。生草刈割后覆盖于地面，而草根残留于土壤中，增加了土壤有机质含量，改善了土壤结构，协调了土壤水肥气热条件，提高了某些营养元素的有效性，可以校正果树某些缺素症，对果树生长结果有良好作用。据试验，连续种植5年白三叶草和鸭茅，土壤有机质含量增高。生草对磷、钙、锌、硼、铁等营养元素的吸收转化能力很强，从而提高了这些元素的生物有效性。

（3）创造生态平衡环境，提高果树抗灾害的能力。生草果园土壤温度和湿度的季节和昼夜变化小，有利于果树根系的生长和吸收活动。雨季时，生草吸收和蒸发水量增大，缩短了果树淹水时间，增强了土壤排水能力；干旱时，生草覆盖地面具有保水作用。因此，不论是旱季还是雨季，生草果园的果实日灼病很轻，落花落果的损失也较小。同时，生草条件下果树害虫的天敌种群数量大，增强了天敌控制虫害发生的能力，减少了农药投入和对环境的污染。所以生草果园的果实产量和品质一般都高于清耕果园。

（4）便于机械作业，省工省力。生草果园，机械作业可随时进行，即使是雨后或灌溉后的果园，也能准时进行机械喷洒农药和施入肥料，以及修剪、采收等自动化作业，不误农时，提高工效。

生草注意事项

（1）清除杂草。果园杂草种类较多，双子叶杂草如蒿子、葎草（拉拉秧）、苍耳草等种子发芽时间集中，再生能力差，较易灭除。单子叶杂草如芦苇、白茅、马唐草等是夏季生长的主要杂草，可采用人工或机械的方法控制杂草生长高度。春季分2～3次人工用镰刀或手持中耕机清除蒿子、葎草、灰灰菜等攀爬、高秆杂草，可先任杂草自由生长，其间及时人工清除干净。

（2）田间管理。在果树萌芽、开花、展叶等需肥水较多的前期，应尽量控制草的生长，保证土壤中的水分、有机质优先满足果树生长发育需要。在草长到20～30cm高时进行刈割，1年割3次。将割下的草覆盖树盘，2～3年后就可选育出适合果园生草覆盖的草种。自然生草果园5～10年后耕翻1次。

（3）秋冬深翻。实行生草的前2～3年可以不耕翻，以后1～3年结合秋施基肥用单铧犁或双铧犁耕翻20～30cm，使地表的有机质到达果树根系集中分布层，使土壤疏松通气。深翻时有意在果树行间留出深沟，有利于雨季排涝。

（三）树盘覆盖法

覆盖法是一种重要的果园土壤管理制度，是对果园行株间或树盘间的土壤进行地表覆盖。所用的材耕包括有机物及化学制品，范围极为广泛。覆盖有机物是清耕法和生草法的折中效果，果园合理覆盖有利于果树的生长发育，改善树冠内部光照，抑制土壤水分蒸发和调节地温，防止水土流失，改变土壤理化性质，供给有机物，防除杂草，提高资源利用效率并使广大果农增产增收。

树盘覆盖方式主要有秸秆覆盖、生草覆盖和地膜覆盖。

1.秸秆覆盖　秸秆覆盖可以用麦草、玉米秆、豆秆以及其他作物秸秆。适用于年降水量低于500mm的干旱、半干旱果园，其保墒性好，可减少水分蒸发，减少水土流失，提高土壤含水量，对丘陵和山地果园的作用尤为明显。秸秆覆盖还可以缩小地温变幅，夏季不过高，冬季不过冷，有利于根系生长和活动，同时有利于果园土壤结构和肥力状况的改善，使土壤疏松，透气性提高。

苹果园应在5～6月地温升高后覆盖。覆盖前先深翻浇水，后覆盖秸秆杂草。灌水覆盖后再覆草，更易发挥肥效。秸秆覆盖应在距树干20cm范围内留空隙不盖草，以利春季地温回升，防止鼠、兔危害。幼树则只宜盖树盘，以节省覆盖材料。为了保护根系和稳定地温，一般不要将覆盖物当年翻入地下，每年要添加覆盖物，以保证覆盖层的厚度。由于覆盖物腐熟分解和土壤微生物繁殖，需要适量补充氮肥，以防出现缺氮现象。

2.生草覆盖　生草覆盖中草的种类主要以白三叶草、紫花苜蓿等豆科植物为主。果园生草后，将刈割下来的鲜草覆于行间或树盘，同时增施氮肥补充果树生长需要，可在一定程度上避免与果树争夺养分。生草覆盖可以改善土壤物理性质，防止水土流失，调节地温，促进果实成熟和着色，提高果品质量，防止落果损伤。能够有效防止山地果园的水土冲刷和流失，增加土壤有机质，同时还能改良土壤的团粒结构。

果园生草有人工生草和自然生草两种方式。人工生草春季一般在3月中下旬至4月，秋季从8月中旬到9月中旬。根据土壤墒情来调整用种量，一般土壤墒情好，播种量小，反之播种

量大。自然生草，是根据果园里自然长出的各种草，把有益的草保留，将扯皮草、蒿草等有害草及时拔除，再通过自然竞争和刈割，最后选留几种适于当地条件的草种形成草坪。

3.地膜覆盖　地膜覆盖主要用于干旱、半干旱地区，可以防止土壤水分蒸发，提高土壤含水量，提高地温，促进果树发芽，同时防止冬季表层土壤温度过低，树盘土壤流失，从而保护根系安全过冬，另外，还可防止抽条（图4-2）。

图4-2　地膜覆盖

覆盖前，新栽果园应灌透水，待地表晾干、整理树盘后进行覆盖。围绕树干地面铺一块1m×1m的地膜，地膜中央做一孔，树干由孔中穿出。使树盘中心稍低，周围略高似浅盘状，以集纳雨水。树干周围用湿土压实，以免灼伤树干和保持土壤水分。地膜四周也要压严，防风保湿。

地膜覆盖包括树盘覆盖、带状覆盖和全园覆盖。幼园以树盘带状覆盖为好，成龄树以带状或全园覆盖为宜。地膜覆盖前应整好地、灌足水，覆盖后地膜四周边缘要用土压封严。

选用银白色反光膜的严禁用土压平，以防土污染银色膜表面，一般用石头或砖块压平。

树盘覆盖还存在许多问题。例如，连续多年覆草会导致果树根系上移，不利于树体的生长；秸秆覆盖实施中材料来源有限，且易引发鼠害和火灾；长期地膜覆盖会对果园环境造成污染，且易造成土壤营养亏缺和通气不良。在覆盖栽培中，不同地区覆盖物的选择、处理方法、覆盖时机等也需要进行相关研究论证。

第二节　科学与安全施肥

果树施肥现已从最初的元素配合，发展到多元素种类、数量、比例和施肥时期、方法的配合。果树每年生长、结果都需要从土壤中吸收消耗大量的有机、无机营养元素，只有施肥才能不断地提供和补充苹果树生长发育所需的营养物质，并且调节营养元素之间的平衡。平衡施肥，是一种比较合理的施肥方案，指综合运用现代农业科技成果，对肥料的种类、数量、比例及施肥的方法、次数、时间进行合理安排。平衡施肥需要考虑土壤和果树这两大要素，既要补充缺乏的土壤营养元素，又要满足苹果树对各种营养元素的吸收；在保障土壤肥力水平提高的同时，还要保证目标产量和质量的实现。要克服盲目施肥对果树和土壤造成的不良影响。

一、矿质元素的作用及其影响

矿质元素对果树生理代谢和果实营养品质起着非常重要的作用，根据其在果树体内的多少，可以将矿质元素分为大量元素和微量元素。无论是大量元素还是微量元素的缺失都会影响土壤肥力和果树生长发育。植物细胞正常生命活动需要的矿质元素有氮、钾、钙、铁、锰、锌、铜等。

（一）主要矿质元素

氮：氮在植物体中比重小，在苹果树的生长、结果中起着重要作用，是构成植物细胞氨基酸、蛋白质、叶绿素、核酸和磷脂的主要物质。氮素充足时，可促进营养生长，树体健壮，叶色深绿、明亮且叶面积大，光合效率高，成花多，坐果率高，果实大、产量好。氮素过多时易造成营养过剩，新梢贪青旺长，花芽分化效果差，果实产量低且着色差，成熟期延长，口感差，含糖量低，病虫害增加。氮素不足时，蛋白质及叶绿素合成受到严重的影响，从而导致植株生长变弱、叶片变小且叶色淡、分枝少，难于成花结果，果实个头小，产量低，树体弱，抗性差。

> 与其他果树相比，苹果对氮的需求量并不高，氮素在生理上对苹果树植株影响的大小，与植株所处的生长阶段、水分及其他营养物质的供应有密切的关系。苹果树缺氮时，叶片小而色浅；老叶橙黄色、红色或紫色，脱落早。叶柄在枝条上的着生角度小。小枝褐色至红色，又短又细，易脱落，花芽少，果实小、着色较好。出现这些状况则需要为果树补充氮肥。

磷：磷是核蛋白和各种核酸的组成部分，而核蛋白在细胞核及其他有机合成物的合成中具有重要的作用；此外，磷对促进花芽形成、提高坐果率、改善果实品质都有好处；磷酸直接参与呼吸作用的正常进行，并与细胞分裂密切相关；还参与碳水化合物的代谢，它可以促进许多发酵过程的进行。早春时，丰富的磷元素不仅可促进根系的生长，提高其吸收能力，还可促进根系对氮素的吸收。但磷素过多时会影响根对氮、锌、钾、镁的吸收，造成缺锌或缺铜。当磷供应不足时，分生组织的活动受到影响，新梢、根系生长减弱，叶小而灰绿，严重时叶缘坏死，花芽形成和结果将受到严重影响，果实色泽不佳且口感变差，不耐贮藏。

随着苹果植株及不同器官年龄的增长和物候期的不同，磷的含量也在发生着变化，苹果树缺磷时，叶片变小，颜色变深，呈黑绿色，分枝少，叶片稀少，果实变小。此时便需要为苹果树补充磷元素，施用磷肥，如磷酸钙、钙镁磷肥等。

钾：钾在植物体内以离子的形式存在，它并不是植物有机物的组成部分，钾在幼嫩器官和生长旺盛的部位含量多。它在植物新陈代谢中起催化作用，且促进蛋白质及碳水化合物的合成，还促进氮的吸收；钾可以调节气孔开关，降低蒸腾作用，促进光合作用，提高植物抗性，同时减轻腐烂病；促进果实生长发育，增加含糖量，提升口感和品质。由于它以离子的状态存在，因此，是细胞溶液和各种有机酸的积极缓冲者。钾还是一种渗透剂，是多种酶的活化剂，可以促进多种产物的运输和转移，促进植物对氮的吸收。

增施钾肥虽能有效改善果实品质，但过量施入易引起苦痘病、木栓斑点病等病害的发生；钾肥不足时，生长发育减弱，苹果抗性变差，新梢细弱，叶缘褪色，且卷曲、焦枯，落叶早，干枯后遗留枝条上短期不脱落；果实变小、色泽发暗、风味变淡，不耐贮藏。

钙：钙是果树生长发育必需营养元素之一，参与细胞壁的组成，使各种生物膜具有一定的透性和稳定性；对植物体中营养溶液的生理平衡起重大作用，而且促进碳水化合物转化和蛋白质的形成。植物吸收钙离子由根系进入体内，其中一部分呈钙盐形态存在，如柠檬酸钙与草酸钙等，这部分钙调节树体的酸度，防止酸毒害作用发生，增强吸收功能，保证细胞正常分裂。钙对果实品质改善有着重要作用，可促进幼根和幼茎生长、根毛形成、叶片增重，提高单果重、维生素C含量、可溶性固形物含量，提高果实硬度，推迟果实成熟，延长果实贮藏时间。防止缺钙引起的生理病害，应控制过重修剪，防止树体生长旺盛，少用或不用环剥技术。增施有机肥和钙肥，控制氮肥用量。

苹果树缺钙时，首先表现在幼嫩组织，树体容易衰老，引发各种疾病，果实耐贮性下降；新枝叶色变淡，叶中心有大片失绿变褐的坏死区域，叶尖和边缘向下弯曲。一般认为，根的症状可以作为缺钙与否的早期标志。在缺钙的情况下，根短，呈鳞茎状，经过短暂生长后，根的先端即行死亡。解决缺钙的有效措施是施有机肥。在减少氮肥的基础上，花后3～6周和果实成熟前20～30d，在果实上喷施3～5次500倍高效氮，效果明显。

铁：铁在植物体内含量极少，但在有氧呼吸和能量代谢过程中有重要作用；虽然铁不是叶绿素的组成部分，但在植物正常形成叶绿素的过程中铁是必不可少的。铁为主动吸收，易与锰、铜、锌、钙、镁等金属阳离子发生作用。缺铁会影响植物部分蛋白质的表达和调控，常会导致植物体生长停止；叶绿素合成受阻，叶片出现黄化，易发生黄叶病，病株根系发育受阻，花期延迟，果实变小，果实着色欠佳。铁能促进氮素代谢正常进行，在硝态氮还原成铵态氮的过程中起着重要的作用。缺铁的主要原因是土壤通气不良，碱性过强。缺铁时亚硝酸还原酶和次亚硝酸还原酶的活性降低，会影响蛋白质和氮素的合成与代谢。

苹果树缺铁时，新梢顶端叶片先变为黄绿或黄白色，而叶脉尚绿，老叶仍保持绿色，以后向下扩展，严重时叶子失绿发黄，出现褐色斑点，最后全叶变褐枯死。有时新梢先端也会出现枯死现象。严重缺铁对产量影响很大。但并非只有缺铁时才能引起黄化，缺氮或缺镁时也会出现黄化现象。增施有机肥，合理负载，平衡施肥，不要偏施氮肥，慎用环剥技术等措施，增施酸性肥料，对矫正黄叶病有较好的作用。叶面喷施铁肥，也能起到一定的矫正作用。

硼：像钙和铁一样，硼不能被植物重复利用，在植物体内处于不活动的状态。植物对硼的需要量很少，花中含硼比较多，硼有助于叶绿素的形成，有利于碳水化合物的代谢和运输，与细胞分裂、细胞壁及果胶的形成密切相关，还可以促进花粉形成、花芽和花粉管发育，促进开花，提高坐果率并增加果实含糖量；对根系的吸收功能也十分重要。缺硼时，叶绿素形成受阻，叶片变色，提早脱落；细胞激动素的合成降低，生长受阻；花不能正常受精，还会出现缩果病；果实含糖量低，着色差，味苦、品质较差。

苹果树缺硼时，早春枝条顶端开始生长后不久出现枯死现象；叶片小而厚，且易碎；裂果多，品质差，口感不佳，味苦，果实常在未成熟前脱落。严重缺硼可导致植株死亡。常用硼酸和硼砂来补充硼元素，早春追施硼肥和花期喷施硼肥可有效解决硼缺失问题。

镁：镁是叶绿素的组成部分，镁对植物碳酸的同化作用有重要作用。随着叶片的衰老和叶绿素的破坏，镁流向种子，与磷一起以肌醇状态贮存起来。少量镁则参与果胶物质的合成。镁在植物体内如果供应不足，则导致生长停止，叶片色泽变淡、出现褐斑，仅沿叶脉处色泽正常；如果镁严重不足，则将导致叶片提早脱落，仅在新梢顶端留有少量叶片。

苹果树缺镁时，新梢叶片叶脉间生有淡绿色或淡灰色的斑，常扩展至叶缘，并很快变为淡黄色，而后呈暗褐色；叶脉间和叶缘发生坏死，这样的叶片很快脱落，直至最后仅留下一些柔软且很薄的淡绿色叶片。在缺镁的情况下，果实不能正常成熟，果实个小、色泽差、风味差。

锰：锰与铁一样，对叶绿素的形成有一定的作用。另外，对植物的氧化还原有一定的影响。

春季，苹果植株常在新梢先端轮生一簇小而质地较硬的叶片，这就是缺锰的表现，叶片也会表现为黄化，叶片较小，黄化进展速度缓慢。在偏中性或碱性土壤上，苹果植株容易缺锰。

作物对每种矿质元素的吸收过程并不是独立的，而是各元素间相互影响，即土壤矿质元素之间存在相互作用。它们之间的互作主要表现在两个方面，一方面是协助作用，即一种养分离子的存在会促进另一种养分离子或多种养分离子的吸收的生理现象，协助作用有可能是有利的也有可能是不利的；另一方面是拮抗作用，即一种养分离子存在会抑制或者阻抗另一种养分离子的吸收。

（二）果园土壤养分和果实品质基本状况

通过对丰县大沙河地区富士苹果园土壤养分与富士苹果果

实品质的研究，分析出该地区土壤养分与果实品质的关系，为丰县地区果园科学合理配方施肥和提高肥效提供理论依据。试验于2015—2016年在江苏丰县大沙河35个15～25年生富士苹果园进行，株行距为4m×5m；于2015年10月、2016年10月在每个果园随机选取3株树，在每株树冠外围滴水线东、南、西、北的四个方位进行土壤采集，10月下旬，每个果园随机选取4株树，在树冠中上部东、南、西、北四个方位随机各取2枚叶子，1个果子，带回实验室分析。

表4-1是江苏丰县大沙河地区富士苹果园土壤养分状况。从表4-1可以看出，丰县大沙河地区富士苹果园土壤pH平均为8.46，最小值为7.88，最大值为8.75，变异较大，但都属于碱性土壤；有机质含量平均0.95%，全氮含量为0.62g/kg，碱解氮含量为57.05mg/kg，硝态氮含量为15.57mg/kg，铵态氮含量为6.94mg/kg，有效磷含量为5.71mg/kg，速效钾含量为186.86mg/kg，交换性钙含量为3 564.86mg/kg，交换性镁含量为131.64mg/kg，有效铁含量为9.94mg/kg，有效锰含量为2.86mg/kg，有效铜含量为11mg/kg，有效锌含量为5.48mg/kg。苹果园中有机质、碱解氮、全氮、有效磷处于较低水平，一些金属元素处于较高水平。

表4-1　富士苹果园土壤养分概况

	平均值	最大值	最小值	标准差	变异系数（%）
pH	8.46	8.75	7.88	0.19	2.25
有机质（%）	0.95	1.37	0.53	0.22	23.16
全氮（g/kg）	0.62	0.88	0.34	0.13	20.97
碱解氮（mg/kg）	57.05	86.29	25.55	13.01	22.80
硝态氮（mg/kg）	15.57	67.55	6.05	12.85	82.53
铵态氮（mg/kg）	6.94	15.17	4.64	1.61	23.20

（续）

	平均值	最大值	最小值	标准差	变异系数（%）
有效磷（mg/kg）	5.71	11.74	1.55	2.47	43.26
速效钾（mg/kg）	186.86	409.10	73.00	77.85	41.66
交换性钙（mg/kg）	3564.86	5054.80	2957.7	439.20	12.32
交换性镁（mg/kg）	131.64	227.30	82.80	29.32	22.27
有效铁（mg/kg）	9.94	14.88	5.15	1.98	19.92
有效锰（mg/kg）	2.86	6.26	1.51	1.26	44.06
有效铜（mg/kg）	11.00	28.69	2.15	7.48	68.00
有效锌（mg/kg）	5.48	9.84	0.58	2.13	38.87

（三）果园土壤养分间的相关分析

土壤是作物吸收养分和水分的载体与媒介，也是发生生理生化反应的重要场所，其理化性质的变化对植物吸收养分有着深远的影响。

由表4-2和表4-3可以看出，土壤各营养元素间有复杂的相关性，有机质含量与硝态氮、有效铜含量呈负相关，与其他土壤养分含量呈正相关，说明提高土壤有机质含量可以较好地增加各养分的含量。pH与有效铜含量呈显著负相关，与硝态氮含量呈极显著负相关；有机质含量与全氮含量、碱解氮含量、速效钾含量、交换性钙含量、交换性镁含量、有效铁含量均呈极显著正相关，与有效锰含量、有效锌含量呈显著相关；全氮含量与碱解氮含量、有效磷含量、速效钾含量、交换性镁含量、有效铁含量呈极显著正相关，与交换性钙含量、有效锌含量呈显著相关；碱解氮含量与有效磷含量、速效钾含量、交换性镁含量、有效铁含量、有效锌含量呈极显著正相关，与铵态氮含量呈显著正相关；有效磷含量与交换性钙含量呈极显著负相关，与有效铜含量呈极显著正相关，与有效铁含量呈显著正相关，与有效锰含量呈显著负相关；交换性钙含量与交换性镁含量、有效锰含量呈极显著正相关，与有效铜含量呈极显著负相关。

表4-2 土壤各养分用X表示

编号	养分	编号	养分
X1	pH	X8	交换性镁
X2	有机质	X9	有效铁
X3	全氮	X10	有效锰
X4	碱解氮	X11	有效铜
X5	有效磷	X12	有效锌
X6	速效钾	X13	硝态氮
X7	交换性钙	X14	铵态氮

（四）土壤矿质营养与果实品质的相关分析

土壤养分之间既相互作用，又共同影响着果实品质。

土壤有效锌的含量与果实果形指数呈显著正相关；速效钾含量与硬度呈显著正相关；交换性钙含量、有效锰含量与硬度呈极显著正相关；可滴定酸与pH呈极显著负相关，与速效磷含量呈显著正相关，与有效铜含量、硝态氮含量呈极显著正相关；可溶性固形物含量与速效钾含量、交换性钙含量、有效锰含量呈极显著正相关；可溶性糖含量与全氮含量、碱解氮含量呈显著相关，与有机质含量、速效钾含量、交换性钙含量、有效锰含量呈极显著正相关，与有效铜含量呈极显著负相关（表4-4）。

表4-3　土壤各营养元素相关性分析

	X1	X2	X3	X4	X5	X6	X7	X8	X9	X10	X11	X12	X13	X14
X1	1													
X2	−0.047	1												
X3	−0.14	0.947**	1											
X4	−0.239	0.907**	0.930**	1										
X5	−0.235	0.297	0.411**	0.423**	1									
X6	0.033	0.596**	0.533**	0.483**	0.16	1								
X7	0.168	0.492**	0.376*	0.294	−0.402**	0.508**	1							
X8	−0.02	0.623**	0.625**	0.540**	0.091	0.189	0.462**	1						
X9	−0.238	0.637**	0.658**	0.674**	0.371*	0.181	0.086	0.370*	1					
X10	0.246	0.379*	0.267	0.16	−0.308*	0.583**	0.881**	0.268	0.021	1				
X11	−0.351*	−0.042	0.052	0.137	0.407**	−0.233	−0.439**	0.103	0.316*	−0.494**	1			
X12	−0.126	0.319*	0.367*	0.477**	0.372*	0.117	−0.043	0.231	0.528**	−0.127	0.492**	1		
X13	−0.693**	−0.199	−0.135	−0.129	−0.003	−0.003	−0.146	−0.181	−0.06	−0.142	0.035	−0.247	1	
X14	0.085	0.247	0.28	0.332*	0.174	0.179	0.016	−0.112	0.005	−0.001	−0.034	0.102	−0.023	1

注：* 代表 0.05 水平差异显著，** 代表 0.01 水平差异极显著。

表4-4　果园土壤矿质元素与果实品质相关性分析

	单果重	果形指数	硬度	可滴定酸	可溶性固形物	可溶性糖	维生素C
X1	0.041	0.021	0.162	−0.442**	0.162	0.052	−0.075
X2	0.12	0.13	0.167	−0.066	0.293	0.444**	−0.19
X3	0.141	0.137	0.073	0	0.165	0.350*	−0.262
X4	0.209	0.139	−0.042	0.115	0.054	0.319*	−0.242
X5	0.13	0.225	−0.323	0.340*	−0.329	−0.087	−0.26
X6	0.027	0.273	0.359*	0.064	0.424**	0.598**	−0.081
X7	−0.084	0.169	0.663**	−0.146	0.718**	0.685**	0.219
X8	−0.14	−0.011	0.141	−0.051	0.289	0.104	0.09
X9	0.2	0.289	−0.253	0.136	−0.111	−0.016	−0.186
X10	−0.048	0.264	0.644**	−0.017	0.608**	0.596**	0.177
X11	0.032	0.306	−0.328	0.440**	−0.296	−0.470**	0.283
X12	0.237	0.420*	−0.256	0.011	−0.219	−0.127	−0.237
X13	0.002	−0.09	−0.078	0.459**	−0.126	0.045	−0.035
X14	−0.097	0.067	−0.143	−0.111	−0.148	0.068	−0.391*

注：* 代表0.05水平差异显著，** 代表0.01水平差异极显著。

二、肥料种类和特点

（一）有机肥料

有机肥料主要来源于动植物废弃物，为农作物提供营养，肥效较长，可以增加和更新土壤有机质含量，促进微生物的繁殖，改善土壤的理化性质和生物活性。

1.粪尿肥　粪尿肥是指用动物或人的排泄物做成的肥料，可以分为人粪尿肥、家畜粪尿肥和家禽粪三类。

人粪尿肥主要成分为水、有机物质和矿物质，经腐熟后才可被作物吸收利用，含氮较多而含磷、钾较少，所以经常把人粪尿

当作氮肥施用。

家畜粪尿肥的主要成分为纤维素、半纤维素、木质素、蛋白质及其分解产物、脂肪类、有机酸、酶以及各种无机盐类。家畜尿的主要成分为尿素、尿酸、马尿酸以及钾、钠、钙、镁等无机盐。家畜粪尿又可以分为猪粪尿、羊粪尿、驴马粪尿、牛粪尿等。

家禽粪主要有鸡、鸭、鹅粪等，养分含量高，属于热性肥料，在堆放的过程中易产生高温。

2.秸秆肥　秸秆肥是指作物秸秆粉碎与粪尿肥按比例混合，将其翻耕入土用作基肥，或用作覆盖物，一般用作基肥。秸秆肥中有机质十分丰富，氮、磷、钾养分比较均匀，还含有各种微量元素，是各种土壤都适用的常用肥料，具有提高产品品质，增加产量的效果。

3.腐殖酸类肥料　腐殖酸是一种天然的有机大分子化合物的混合物，是由富含腐殖酸的泥炭、褐煤、风化煤等物质加工而形成的肥料，可以分为腐殖酸铵、腐殖酸钾、腐殖酸钠及腐殖酸复合肥等。腐殖酸类肥料可以促进植物生长，提高农作物产量，还可以改善土壤结构，防止土壤裂化和侵蚀，增加土壤持水量，提高抗寒能力，调节土壤pH。腐殖酸类肥料在我国发展良好，正朝着智能化、专业化、复合化、长效化、颗粒化和地域化发展。

4.微生物肥料　微生物肥料又称菌肥，是通过微生物的生命活动来获得肥效的一种肥料，分为固氮菌肥、磷细菌肥、根瘤菌肥、钾细菌肥等，是一种辅助性肥料，一般与其他有机肥配合施用。可以促进作物生长，提高植物抗病性。

（二）无机肥料

无机肥料即化学肥料，一般仅含一种营养成分，具有速效性的特点，施入土壤中很快被苹果树吸收利用，多作追肥施用。一般分为氮素化肥、磷素化肥和钾素化肥，还有混合化肥和微肥。

1.氮素化肥　属于氮素化肥的有硫酸铵、硝酸铵、碳酸氢铵、氨水、尿素等。氮肥的种类很多，根据氮肥中氮的形态，可将氮肥分为铵态氮肥、硝态氮肥、酰胺态氮肥和长效氮肥4种类型。

铵态氨肥：属于生理酸性肥料，指肥料中的氮素以铵离子或氨分子形态存在的氮肥。在土壤中不如硝态氮活性大，易溶于水，可以被土壤胶体完全吸附，被植物完全吸收利用，是速效氮肥；与硝态氮肥比，移动性小，淋溶损失少，肥效长缓；在通气良好的条件下，易发生硝化作用，转变为硝态氮；在碱性环境中容易分解放出氨气，造成氮素损失。铵态氮肥如碳酸氢铵和硫酸铵。

温馨提示

贮运和施用时应注意，铵态氮肥不能与碱性肥料混合施用，并注意深施覆土。

硝态氮肥：属于生理酸性肥料，肥料中氮素以硝酸根形式存在，易溶于水，肥效迅速，是速效氮肥。施入土壤后，土壤实际吸收的很少，与铵态氮肥相比较，移动性大，易随水流失，所以不宜做基肥。通气不良的情况下，硝酸根进行反硝化作用形成气态氮挥发损失。硝态氮肥吸湿性强，易吸湿结块，受热易分解放出氧气，易燃易爆，贮运时应注意安全。生产中硝酸铵宜做追肥。

温馨提示

过量追施硝酸铵或在雨季施用，由于土壤淋失，会增加土壤中亚硝酸盐含量，污染地下水。

酰胺态氮肥：凡是肥料中的氮素以酰胺态的形式存在的氮肥为酰胺态氮肥。常用的酰胺态氮肥主要是尿素。尿素是我国重点

生产的高浓氮肥。尿素施入土壤后，以分子状态存在，部分被作物吸收，部分被土壤颗粒吸收，部分水解成铵盐，所以尿素的施用类似铵态氮肥，应深施覆土，施在表层也会引起氮的挥发损失。尿素在生产中一般做追肥和根外追肥。

长效氮肥：常用的氮肥都是速效肥料，施入土壤后，不能完全被果树吸收利用，常以不同的途径造成氮素损失。长效氮肥是指溶解度低或养分释放慢、肥效持久的氮肥，如脲甲醛、包膜肥料。

2.磷素化肥　磷素化肥有过磷酸钙、钙镁磷肥等，磷肥能否明显发挥作用与氮素的含量有密切关系。根据磷肥所含磷酸盐溶解度大小和肥效快慢，可以分为水溶性磷肥、弱酸溶性磷肥和难溶性磷肥。

水溶性磷肥：所含主要成分为水溶性磷酸一钙，易被果树吸收利用，肥效快，是速效性磷肥。但易被土壤中的钙、铁等固定，生成不溶性磷酸盐，使磷的有效性降低。水溶性磷肥包括过磷酸钙和重过磷酸钙。

过磷酸钙施入土壤中，除被果树吸收外，还和土壤中的铁、镁等结合成不同溶解度的磷酸沉淀，这是水溶性磷肥当季利用率低的主要原因之一。过磷酸钙可以做基肥和追肥，和有机肥料混合，可以减少水溶性磷的化学固定作用，又能增强磷的溶解性，从而提高磷肥的利用率。

弱酸溶性磷肥：能溶于2%的枸橼酸或中性枸橼酸铵溶液的磷肥。弱酸溶性磷肥的主要成分是磷酸氢钙，也称磷酸二钙。包括钙镁磷肥、钢渣磷肥等。钙镁磷肥不溶于水，但能被根所分泌的弱酸逐步溶解。它们在土壤中移动性很小，不会流失。肥效较水溶性磷肥缓慢，但肥效长。其物理性质稳定，不吸湿、不结块、无腐蚀性，贮运和施用方便。其所含的磷必须经过溶解后才能被果树吸收利用，其转化速度受土壤pH和石灰类物质含量影响较大；可以做基肥和追肥，基肥深施效果最好，追肥宜适当集中施用。

难溶性磷肥：主要指磷矿粉、骨粉，是主要成分既不溶于水，也不溶于弱酸，只能溶于强酸的磷肥。多数果树不能吸收利用这类磷肥，在酸性土壤上缓慢地转化为弱酸溶性的磷酸盐被作物吸收，因此它的后效很长，但当季的肥效很差。在石灰性土壤中肥效更差。

3.钾素化肥　属于钾素化肥的有硝酸钾、硫酸钾、氯化钾等。在施用铵态氮的情况下，钾肥不足时，会导致花芽的形成大大降低。

施用钾肥时，需要深施，否则效果不明显。

氯化钾：氯化钾为白色晶体，含钾50%～60%，易溶于水，为速效肥，具有一定的吸湿性，长期贮存会结块。施入土壤后，容易被土壤保持，增加溶液中钾离子的浓度，易被果树吸收利用。生产中一般做基肥或追肥，有些果树施用氯化钾，因氯离子的作用，会使风味变苦，影响品质。

硫酸钾：白色晶体，含钾50%～52%，易溶于水，属速效钾肥。吸湿性较小，不易结块，易为土壤保持，易被植物吸收。硫酸钾可做基肥和追肥，在果树上应用广泛，但其价格较高，所以生产中如能用氯化钾则不用硫酸钾。

草木灰：草木灰是植物燃烧后剩余的灰分，主要成分有钾、磷、钙、镁、铁等，不仅能供应钾，还能供应多种微量元素。不同作物的灰分成分差异较大，一般木灰含钾、磷、钙多，而草灰含硅多，磷、钾、钙略少。

4.复混肥料　复混肥料是指含有氮、磷、钾三要素中两种或两种以上养分的肥料。试验证明，氮、磷、钾三要素的合理配施是保证苹果连年优质高产的关键。必须根据品种植株的生长发育状况、当地的土壤气候条件和栽培管理水平灵活运用，才能收到预期的结果。在复混肥料中除氮、磷、钾外，也可以含一种或几种其他元素。复混肥料可以分为：复合肥料、造粒型复混肥料、掺和型复混肥料。

复混肥料由于养分种类多，含量高，物理性状好，所以成本低，效益好。但复混肥料因为养分比例固定，不能适应苹果不同生长时期对养分的需要，也不能满足不同地区甚至不同地块的土壤实际情况。因此必须弄清土壤情况和果树生长特点，配制适宜的复混肥料品种，再进一步配合单一肥料施用，才能取得良好的效果。复混肥料包括磷酸铵、磷酸二氢钾、硝酸磷肥。

三、科学施肥时期

施肥时期不同，会影响苹果树的正常生长。正确的施肥时期与合适的施肥方式可以有效促进苹果树的正常生长和增产；不当的施肥时期和错误的施肥方法，会对苹果生长造成本质的伤害。

（一）如何确定苹果树施肥时期

1.根据果树的需肥时期及果树的营养状况确定　一般果树的氮素营养可以分为3个时期：一是从萌芽至新梢加速生长，此时需要大量氮肥，缺氮会影响开花；二是果实采收前的一段时期，为氮素营养稳定期，氮含量明显降低，处于低水平，但缺氮会影响当年的产量和品质；三是从果实采收后到养分回流，氮含量又增多，缺氮会影响第二年生长。

施肥能否发挥作用，重点在于果树本身的生理状态以及果树对肥料的需要，果树体内的影响分配随着生长物候期的进展，分配中心也随之转移。

2.根据土壤中营养元素和水分变化规律确定　在苹果园中，春季土壤含氮量较少，夏季有所增加。同一季节不同田块土壤养分含量也不相同。另外土壤营养物质含量与间作作物种类和土壤管理制度等有关。

肥料的效果与土壤含水量也息息相关。若土壤水分亏缺，则不宜施肥，因土壤较干，肥分浓度过高，果树不能吸收利用反而遭受肥料腐蚀，严重时会造成果树死亡。若土壤雨水过多，积水严重，则会降低肥料利用率。因此施肥量的多少需要结合当地土壤水分含量来确定。

3.根据肥料的性质和作用确定　肥料有速效化肥和迟效化肥之分，肥料性质不同，施肥时期也不同。易流失挥发的速效肥料或施后易被土壤固定的肥料等需在果树需肥期稍前施入；迟效肥料应提前施入，因为其需要腐烂分解后才可以被果树吸收。

综上，确定施肥时期，需要综合考虑果树的种类、营养状态、土壤供肥情况及气候条件等，才能获得最佳施肥效果。

（二）基肥施肥时期

基肥是苹果树施用的最主要肥料，苹果树生长结果所需要的营养物质主要来源于基肥。通常都是在秋末冬初土壤冻结前施用，基肥施入后逐渐分解，不断供给果树所需的大量元素和微量元素。一般施用腐殖酸肥料、堆肥、厩肥及作物秸秆、绿肥等，也可混施适量速效性肥料，以利于土壤微生物活动，加速有机质的分解。

施基肥的时期最好是秋季，所以又称秋施肥，其次是落叶至封冻前。因为秋季施基肥能有充分的时间腐熟和供果树在休眠前吸收利用，加强光合作用，养分回流到根中可以促进根系生长和伤根愈合，增加贮藏养分。

温馨提示

施用有机肥一般结合果树进行深翻，施入有机肥后要浇水，旱地果园可以在雨季浇水，同时在雨季进行压绿肥，以提高土壤有机质含量。

（三）追肥时期

追肥又称补肥，指根据果树各物候期的需肥特点，在生长季分期施用速效性化肥，及时补充树体对营养元素的消耗，其目的是补充基肥的不足。合理确定果树追肥时期，要根据苹果树的树龄、生长和结果情况确定，不能一概而论。作为追肥的肥源一般都是氮肥，如硫酸铵、硝酸铵、尿素等。由于施入土中容易流失，因此一次追肥量不宜过多。

追肥多采用放射状沟施或多点穴施，也可采用环状沟施，但开沟的深度和宽度都比施基肥小。最好在雨后土壤湿润时进行，若追用后能结合灌水则效果更好。追肥多用氮素化肥和氮磷及氮磷钾复合肥，一般前期追氮肥，如尿素、硫酸铵，后期追施多元素复合肥，如磷酸铵、三元复合肥等。

苹果在年周期中需要进行如下几次追肥。

1.花前追肥　适用于当年花芽量少，有隔年结果现象的品种。萌芽开花需要消耗大量的营养物质，若树体营养水平低，氮素会供应不足，导致大量落花落果。在开花期前两周追施速效氮肥，可以促进萌芽和新梢生长。对弱树、结果过多的树，追施氮肥可使萌芽、开花整齐，提高坐果率，促进新梢生长。若树势强旺，基肥数量又较充足，不宜在花前施肥。

2.花后追肥　苹果树开花、坐果需要大量的营养，花后幼果和新梢迅速生长，耗费大量的营养，此时施用速效性氮肥，可以及时补充开花、坐果消耗的养分，满足新梢生长对养分的需要，以减少落果和保证新梢旺盛生长。若施用氮肥过多，往往会导致新梢生长旺盛，加剧幼果因为营养不足而脱落。

3.花芽分化和果实膨大期　生理落果后，幼果已经坐定，新梢停止生长，追施速效氮、磷、钾肥，促进根系生长，提高叶功能，有利于花芽分化和果实膨大。

4.果实生长后期追肥　果实开始着色至果实采收时进行，可以解决果树大量结果造成树体营养物质亏缺和花芽分化、养分积累的矛盾。及时追施氮、磷、钾比例合适的肥料，可使果实增大，提高产量和品质，并有利于芽的发育，特别是追施钾肥，有利于果实着色和增加含糖量，改善果实品质。还可以使苹果树延长叶片寿命和延缓衰老，加深叶色提高光合作用效能。但若施用氮肥过多，会导致树体旺长，影响果实着色，易导致苦痘病。

四、施肥量的确定

在年周期内，苹果形成目标产量所需要的营养总量，减去土壤能够提供的养分数量就是应有的施肥量。但在实际生产中，其施肥量确定，都要从树体本身的消耗、土壤的供给能力、养分的渗漏流失，以及果树对肥料的吸收利用率等方面考虑。要做到以果定产，以产定施肥量。

确定果树施肥量时，一般结合生产实际，调查果园的施肥种类、施肥量，结合树势、产量、品质、大小等情况确定施肥量。可以根据树体的外观形态确定，如叶色发黄则说明营养较差，反之叶色浓绿，说明营养充足；还可以根据长枝长度和比例确定，如树势较弱，应增加氮肥含量，树势中庸，则营养适宜，树势强旺，应减少氮肥施用。土壤状况也是确定施肥量的重要标志之一，土层深厚，有机质含量高的果园，追施氮肥少；相反，沙地、贫

瘠地，保肥力差，肥料易流失，追施氮肥应勤施，少施。也可以果园取样，测出土壤质地、有机质含量、酸碱度和氮、磷、钾、钙等含量，根据科学的数据分析确定施肥量。

如果要计算出苹果树的理论施肥量，首先要测知各器官每年从土壤中吸收的各种营养元素的量和土壤能供给的量。一般土壤供氮能力为吸收量的1/3，供磷、钾能力为吸收量的1/2。肥料施入土壤中，氮素能被吸收50%，磷素能被吸收30%，钾素能被吸收40%。在改进施肥方法或施肥制度时，肥料的利用率还会提高。

五、科学施肥方法

（一）土壤施肥

1.基本施肥方法

（1）环状沟施。在树冠滴水线外围，挖一环状沟，宽20 ~ 40cm，深15 ~ 45cm，将肥料和少量土壤混匀后，施入环状沟内，覆土填平，具体深度、宽度因地制宜，有条件的地方在填平后应进行浇水。

温馨提示

采用此种方法，操作简便，用肥集中经济，但挖沟易切断主要吸收根。

（2）放射沟施。在距离果树主干一定距离处，以树干为圆心，向外呈放射状挖4 ~ 8条里浅外深的放射沟，沟宽30cm左右，深15 ~ 40cm，长度到树冠滴水线外围即可，将肥料施入后覆土，具体深度与宽度依据树龄和树势确定。

温馨提示

此法多用于成年树施肥，伤根较环状沟少，而且可隔年更换施肥部位，可以增大肥料与土壤的接触面积，比环状沟施切断主要毛细吸收根系少。因施肥部位的局限性，挖沟费时费力，靠近非吸收根的肥料利用率不高，一般适用于春、夏季的追施肥料。

（3）条状沟施。在树冠边缘稍外的地方，相对两面各挖一条深40～60cm、宽40cm的施肥沟，土壤和肥料混合后施入有机肥。第二年改为另外相对的两面开沟施肥。

温馨提示

这种方法作业方便，但行间条沟肥料距离主要毛细吸收根系较远，吸收利用效率低。

（4）全园撒施。肥料均匀撒于以苹果树干为中心、内径为20cm、外径为100cm的圆环内的果园土壤表层，然后翻入土中，深度一般为20～30cm。

温馨提示

这种方法操作简便、施肥面积大，但由于施肥的深度相对较浅，容易导致苹果树根系上浮，降低根系的抗逆性和易发根蘖；同时，由于与表层土混合，容易导致肥料挥发和流失损失。

2.追肥的方法

（1）浅沟法。在苹果根系密集区，挖10cm左右深的放射沟或环状沟，将肥料均匀撒入沟中，然后填平土壤。施肥后进行浇水，以利化肥溶解吸收。

（2）穴施（图4-3）。在树冠外围沿滴水线周围均匀挖6 ～ 12个锥形施肥穴，然后施肥，覆土，踏实。具体深度和宽度因地制宜，施肥后进行浇水，以利于化肥溶解吸收。穴施操作比较复杂，但施肥相对集中，降低了挥发和流失损失风险；切断主要吸收根系较少，有利于提高苹果树根系对养分的吸收利用。

图4-3　穴　施

（3）灌溉施肥。将肥料溶于水中，或者将液体肥料随渠水灌于树下，或者通过喷灌、滴灌和渗灌系统，将肥料喷、滴、渗到树下。施用时注意溶液浓度，以免灼伤根。该方法简便易行，节省劳力，可充分发挥肥效。

（二）根外追肥

根外追肥也称叶面喷肥，根据果树的长势进行。果树长势弱、枝叶生长缓慢、叶片趋黄色或淡黄色，说明果树缺氮缺铁，应以喷施氮肥为主，并且适当喷一些柠檬酸铁和磷肥、钾肥；如叶大嫩绿、枝条节间过长，氮肥充足，应当以喷施磷肥和钾肥为主，适当喷一些微量元素。把所需要的肥料配成适当浓度的水溶液喷布到叶上，使之通过气孔和角质层进入叶内，15min到2h即可被叶片吸收。采用根外追肥，肥料用量少，吸收速度快，可以及时满足果树对养分的需要，又可以避免某些元素在土壤中的损失，提高利用率。但是根外追肥不能代替土壤施肥，只能作为土壤施肥的补充。

（三）地膜覆盖穴贮肥水

苹果树萌芽前，用化肥水浸泡作物秸秆绑成的长35cm、粗30cm左右的草把，垂直埋入在树冠外缘0.3 ～ 0.5cm处均匀挖的6 ～ 8个深50cm、直径40cm左右的小穴里。同时，在草把周围再填入含有化肥的土，踏实并整平地面，并覆盖2 ～ 3cm厚的土，随后浇水。穴上面用地膜覆盖，四周压土，使其呈中间低四周高的锅底形，中间扎开一小孔，覆盖后的浇水施肥都在穴孔上进行，平时用石块压住，防止蒸发。以后根据天气情况或水源情况浇水，每次每穴浇水4 ~ 5kg，追肥可结合浇水进行。

六、不同有机肥处理对苹果生长发育的影响

以江苏丰县地区烟富10号为实验品种，有机肥的种类有猪粪、牛粪、羊粪、秸秆碳肥、鸡粪五类，配施物质则设置三个不同的处理：无添加、添加菌剂发酵的大豆、添加硝酸钙与菌剂发酵的大豆，其中发酵大豆中大豆、水、菌剂的重量配比为100 ：30 ：40。试验处理详情见表4-5。

表4-5　试验处理

	处理
CK	空白
CD	牛粪23kg/株
FD	鸡粪23kg/株
PM	猪粪23kg/株
SA	羊粪23kg/株
CR	秸秆碳肥23kg/株
BCD	牛粪23kg/株+发酵大豆0.5kg/株
BFD	鸡粪23kg/株+发酵大豆0.5kg/株
BPM	猪粪23kg/株+发酵大豆0.5kg/株
BSA	羊粪23kg/株+发酵大豆0.5kg/株
BCR	秸秆碳肥23kg/株+发酵大豆0.5kg/株
OB	发酵大豆0.5kg/株
CaCD	牛粪23kg/株+发酵大豆0.5kg/株+硝酸钙0.6kg/株
CaFD	鸡粪23kg/株+发酵大豆0.5kg/株+硝酸钙0.6kg/株
CaPM	猪粪23kg/株+发酵大豆0.5kg/株+硝酸钙0.6kg/株
CaSA	羊粪23kg/株+发酵大豆0.5kg/株+硝酸钙0.6kg/株
CaCR	秸秆碳肥23kg/株+发酵大豆0.5kg/株+硝酸钙0.6kg/株
CJOB	发酵大豆0.5kg/株+硝酸钙0.6kg/株

（一）不同有机肥处理对花芽分化率的影响

从该年的花芽分化情况看，秋季的基肥应该选择BPM处理，即施肥种类与添加物质为“牛粪＋发酵大豆”，可以显著改善花芽质量，提高次年的花芽分化率，有助于果园的高产（图4-4）。

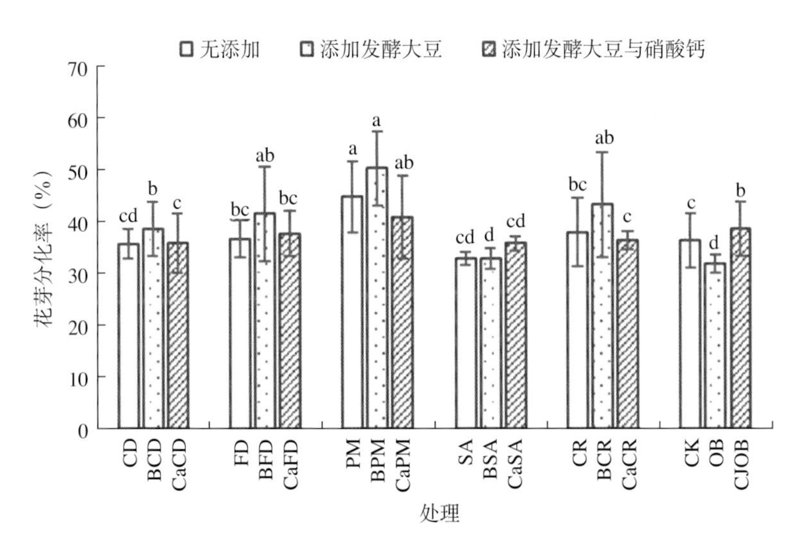

图4-4　不同有机肥处理对花芽分化率的影响
[图中不同小写字母表示差异显著（$p<0.05$）。本书同]

（二）不同有机肥处理对新梢生长量的影响

新梢生长量能够在一定程度上反映出当年的土壤养分供给情况及果树的生长发育状态，合适的碳氮比能够促进新梢的增长，进一步为果树的生殖生长运送光合产物，但新梢生长过长会加快养分的消耗，可能会减慢果实的生长。总体来说，有机肥可以促进新梢的增长，且配合发酵大豆与硝酸钙肥效果更佳（图4-5）。

（三）不同有机肥处理对叶绿素含量的影响

叶绿素是果树进行光合作用必需的物质，叶片制造碳水化合物的速率也在一定程度上与叶绿素含量有关，不同有机肥处理的

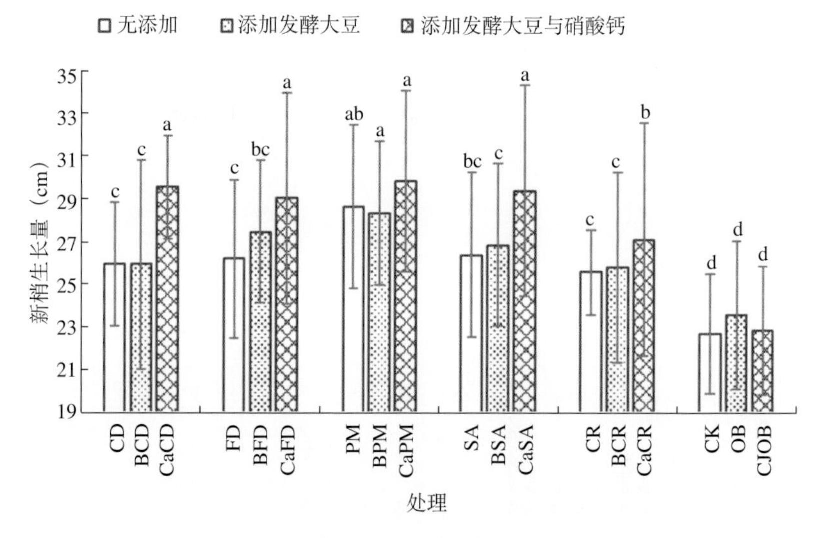

图4-5　不同有机肥处理对新梢生长量的影响

叶片叶绿素含量会有一定差异。施用有机肥可以显著提高叶绿素含量，但3种施肥模式添加的外源物质并不能显著增加叶绿素含量，除秸秆碳肥外的其他有机肥均可作为提升叶绿素含量的选择(图4-6)。

（四）不同有机肥处理对叶面积指数的影响

叶面积指数反映了植物群体生长状况。作物的产量随着叶面积指数的增加而提高，高产栽培首先要考虑获得适当大的叶面积指数。在18种处理中，BCD和BCR处理所测得的叶面积指数最高，分别为6.20和5.66，均显著高于其他处理，在促进改善冠层结构上，施肥模式及有机肥的材料选择应为“牛粪＋发酵大豆”或“秸秆碳肥＋发酵大豆”(图4-7)。

（五）不同有机肥处理对叶片矿质养分的影响

叶片矿质养分的丰富度是叶片生理状态的内在表现，缺素的叶片同正常的叶片相比，其光合效能提供的养分自然也会减少，

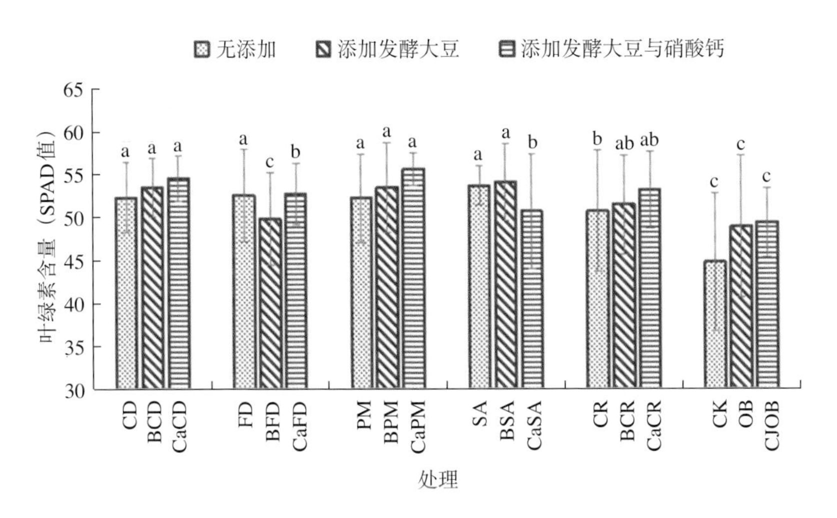

图4-6　不同有机肥处理对叶绿素含量的影响

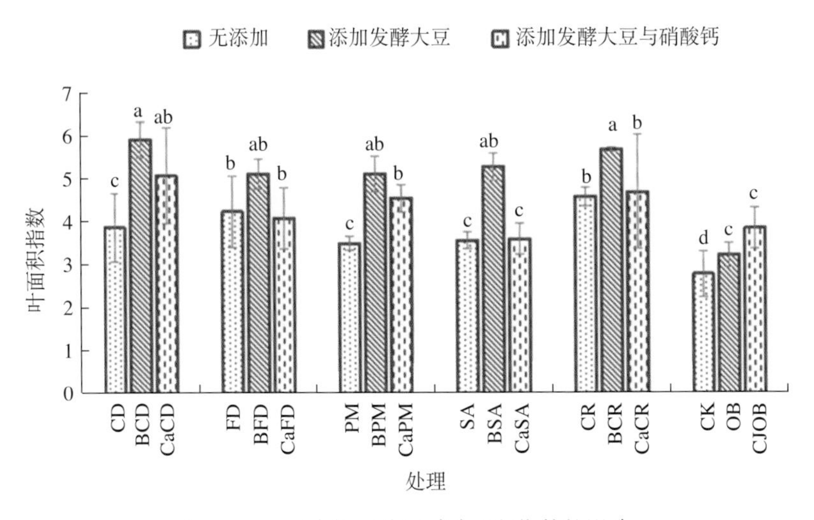

图4-7　不同有机肥处理对叶面积指数的影响

其叶片矿质养分可以作为判断作物营养状况的依据。有机肥因种类不同所含的养分会有些许差异，所以对叶片矿质养分的吸收效果会有一定的影响。考虑叶片的全氮、全磷、全钾、全钙养分，在有机肥材料上应优先考虑牛粪，在3种施肥模式中应选择添加发酵大豆与硝酸钙，此最优处理的叶片全氮、全磷、全钾、全钙养分含量分别为29.42mg/g、2.31mg/g、8.48mg/g和10.11mg/g（表4-6）。

表4-6　不同有机肥处理对叶片矿质养分的影响

处理	全氮（mg/g）	全磷（mg/g）	全钾（mg/g）	全钙（mg/g）
CD	25.18±0.9ab	2.18±0.09bc	8.04±0.16b	9.51±0.4c
FD	23.33±1.48b	2.15±0.03c	7.7±0.25bc	10.60±0.1a
PM	22.58±1.35b	2.07±0.03d	7.73±0.12bc	9.54±0.18c
SA	22.92±3.27b	2.11±0.06cd	7.19±0.16d	9.70±0.21c
CR	24.62±0.96ab	2.04±0.01d	7.67±0.22c	8.79±0.12d
CK	21.15±0.53ab	2.17±0.01bc	7.93±0.1bc	9.44±0.14c
BCD	21.82±2.36b	2.20±0.03b	7.17±0.14d	10.38±0.17ab
BFD	21.44±2.97b	2.10±0.07cd	7.43±0.14cd	9.91±0.06b
BPM	24.89±1.07ab	1.95±0.05d	7.01±0.13d	9.94±0.22b
BSA	25.86±0.98ab	2.25±0.09ab	8.28±0.24ab	11.61±0.25a
BCR	24.61±0.54ab	2.22±0.06d	8.44±0.2a	10.38±0.06ab
OB	21.99±5.61b	2.05±0.01b	7.39±0.15cd	9.75±0.11c
CaCD	29.42±5.54a	2.31±0.02a	8.48±0.19a	10.11±0.08b
CaFD	25.39±1.95ab	2.21±0.03b	8.51±0.37a	10.39±0.29ab
CaPM	24.41±1.58b	2.36±0.03a	8.14±0.15b	9.67±0.06c
CaSA	24.52±3.16ab	2.20±0.08b	8.60±0.23a	8.00±0.21d
CaCR	21.84±1.78b	2.17±0.02c	8.03±0.02bc	8.78±0.18d
CJOB	25.19±1.46ab	2.15±0.03c	7.27±0.32d	9.70±0.02c

在5种有机肥同3种施肥模式的交叉处理中，两变量共同对苹果树生长发挥作用，综合考虑各处理对果树生长各指标的影响，

在果实采摘后选用“牛粪或猪粪+发酵大豆与硝酸钙”作为基肥更有利于果树的优质高效生长，且施用难度不大，是该地区苹果园绿色生产的关键物料。

七、不同有机肥处理对苹果产量和品质的影响

（一）不同有机肥处理对苹果产量的影响

果实产量是果树生产中最为重要的指标之一，直接影响着果园的经济效益，当市场价格处于较高的水平时，产量也在一定程度上影响着当地的种植规模变化。试验得到的增产效益有一定的差异性，但都证明了优质有机肥对苹果树的增产效果，从本试验的产量结果来看，动物粪便中的牛粪、猪粪并添加发酵大豆是高产形成的适宜物料（图4-8）。

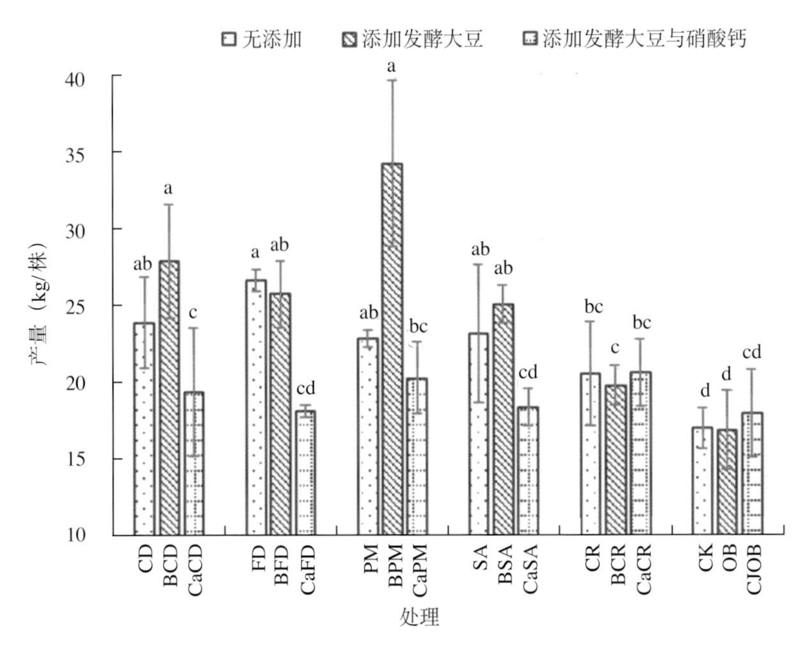

图4-8　不同有机肥处理对果树产量的影响

（二）不同有机肥处理对苹果单果重、硬度和果形指数的影响

苹果单果重、硬度和果形指数属于表观指标，市场对果品的选择同样重视这些指标，其中果形指数与有机肥的种类、施肥模式并没有直接的关系，果形指数更多的与相关基因表达有关，外源物质的添加并不会对其造成影响。果实硬度与果实的耐贮性有较大的关系，较高硬度的果实往往成熟度偏低，酸度偏大，低硬度果实在冷库贮藏、出库运输中可能会造成机械损失，只有硬度适宜的果实在果实贮藏运输中才有较高的性价比。各处理硬度值与有机肥的种类、施肥模式都不单独存在相关性，两个变量的交叉效应影响着果实的硬度（表4-7）。

表4-7　不同有机肥处理对苹果单果重、硬度和果形指数的影响

处理	单果重（g）	果实硬度（lb*）	果形指数
CD	337.82±59.07a	2.01±0.16cd	0.83±0.03a
FD	319.68±60.80ab	1.94±0.47cd	0.80±0.04a
PM	332.98±54.25ab	2.20±0.16ab	0.84±0.07a
SA	305.18±72.14bc	1.87±0.21d	0.82±0.04a
CR	320.9±59.27ab	2.02±0.16bc	0.81±0.06a
CK	287.06±40.09c	2.26±0.33ab	0.80±0.03a
BCD	347.91±43.75a	1.99±0.33cd	0.83±0.08a
BFD	315.17±52.30ab	2.47±0.35a	0.83±0.05a
BPM	340.63±28.58a	1.97±0.25cd	0.82±0.06a
BSA	343.96±47.40a	2.25±0.26ab	0.82±0.05a
BCR	291.53±30.82c	2.09±0.13bc	0.81±0.04a
OB	286.04±66.52c	2.13±0.33bc	0.82±0.05a
CaCD	326.55±43.03ab	2.12±0.19bc	0.81±0.11a
CaFD	296.96±63.77bc	2.10±0.35bc	0.83±0.04a

（续）

处理	单果重（g）	果实硬度（lb[*]）	果形指数
CaPM	319.05±61.09ab	2.16±0.33bc	0.83±0.05a
CaSA	301.16±44.70bc	2.36±0.33ab	0.82±0.05a
CaCR	308.28±57.65bc	1.86±0.36d	0.81±0.05a
CJOB	297.82±59.07c	1.93±0.21cd	0.80±0.05a

* lb为非法定计量单位，1 lb=0.453 592 37kg。后同。

（三）不同有机肥处理对果实色泽的影响

对采收的新鲜苹果色泽进行测定，黑白、红绿、蓝黄分别对应L、a和b值，将对照处理的L、a和b值定为0，各有机肥处理的数据以差值Δ的形式表示。由于3个变量间无法确认有机肥对于果实色泽的影响情况，故引入色相指标h，判断果实的着色情况，发现有机肥处理过的果实和未经过有机肥处理的果实在色度指标上不存在差异（表4-8）。果实着色与果园管理等外界因素关联较大，可以通过其他途径来改善果实着色情况。

表4-8　不同有机肥处理对果实色泽的影响

处理	ΔL	Δa	Δb	h
CK	—	—	—	47.00±22.19a
CD	5.06±5.03c	−3.99±5.01ab	3.56±3.66ab	50.81±10.72a
FD	14.49±4.17a	−11.70±6.96c	4.74±4.18ab	65.59±17.89a
PM	10.17±5.41a	−8.27±7.33bc	6.85±3.94a	61.47±16.03a
SA	7.21±6.10bc	−1.50±3.49a	5.58±6.01b	53.88±22.68a
CR	7.22±5.53bc	−2.62±7.17ab	0.24±2.68ab	45.18±13.19a
BCD	7.86±11.31bc	−2.46±6.59a	3.19±5.53ab	54.77±27.79a
BFD	9.39±5.36ab	−6.18±6.46bc	6.63±2.87a	58.27±12.49a

（续）

处理	ΔL	Δa	Δb	h
BPM	5.12±4.83c	−1.68±6.23a	1.23±2.99ab	44.72±12.75a
BSA	9.05±7.89ab	−5.69±8.25bc	1.38±5.58ab	51.16±21.27a
BCR	7.72±6.77bc	−4.92±6.79ab	3.11±4.40ab	51.97±15.95a
OB	7.04±5.90bc	−3.35±6.86ab	2.53±3.47ab	48.80±15.49a
CaCD	9.82±8.01ab	−7.87±6.94bc	5.17±4.85ab	59.01±16.94a
CaFD	13.08±5.06a	−11.71±6.51c	3.15±3.81ab	64.48±17.26a
CaPM	7.55±10.39bc	−9.73±7.47c	3.70±7.82ab	58.44±23.06a
CaSA	9.50±6.22ab	−8.63±8.01bc	2.96±3.47ab	58.82±17.92a
CaCR	5.07±4.30c	−0.22±4.93a	1.93±3.50ab	43.34±11.02a
CJOB	6.40±6.71bc	−5.90±8.36bc	5.92±4.94ab	56.55±18.58a

（四）不同有机肥处理对果实营养品质的影响

果实的营养品质往往决定着果品的口碑，对各处理的果实可溶性固形物、维生素C、可溶性糖和可滴定酸含量进行统计可知，施肥模式对这4个指标都有显著影响，有机肥种类对可溶性固形物、维生素C、可滴定酸含量有显著影响，施肥模式与有机肥种类共同对果实的营养指标发挥作用，但影响效果差别甚大（表4-9）。有机肥同施肥模式的交叉效应对于果实风味物质含量及转化的影响较为复杂。

表4-9　不同有机肥处理对果实营养品质的影响

处理	可溶性固形物含量（%）	维生素C含量（×10mg/kg）	可溶性糖含量（%）	可滴定酸含量（%）
CD	13.13±0.49b	2.55±0.13a	7.81±0.62ab	0.22±0.00c
FD	14.23±0.71a	1.84±0.19c	7.84±1.04ab	0.18±0.00d

（续）

处理	可溶性固形物含量（%）	维生素C含量（×10mg/kg）	可溶性糖含量（%）	可滴定酸含量（%）
PM	13.9±0.89ab	2.47±0.43a	7.33±0.94bc	0.20±0.00cd
SA	14.53±0.65a	1.99±0.17bc	8.42±0.99ab	0.23±0.00b
CR	12.23±0.8cd	2.25±0.19ab	7.35±0.77bc	0.25±0.00ab
CK	12.93±0.72c	1.70±0.13c	7.25±0.43c	0.23±0.00b
BCD	12.33±0.29cd	1.95±0.11bc	9.70±0.63a	0.21±0.00cd
BFD	14.83±0.57a	1.91±0.09bc	8.63±1.61ab	0.26±0.00a
BPM	13.83±0.81ab	1.95±0.13bc	9.02±1.07a	0.18±0.00d
BSA	12.87±1.95c	1.94±0.39bc	9.71±1.15ab	0.24±0.01b
BCR	11.70±0.92d	1.87±0.32bc	8.65±0.68ab	0.24±0.00b
OB	14.47±0.68a	2.13±0.22b	9.14±0.51ab	0.27±0.00a
CaCD	11.13±0.70d	2.11±0.18b	9.51±2.45ab	0.30±0.00a
CaFD	13.3±0.92b	2.25±0.08ab	8.12±1.16ab	0.22±0.01c
CaPM	13.57±0.47ab	2.73±0.23a	8.62±1.82ab	0.28±0.03a
CaSA	11.19±0.50d	1.75±0.13c	7.11±1.05c	0.21±0.00c
CaCR	12.87±0.32c	2.25±0.15ab	7.36±0.64bc	0.22±0.00c
CJOB	12.83±0.4cd	1.94±0.19bc	7.90±0.15ab	0.22±0.00c

（五）不同有机肥处理对果实糖酸比的影响

果实的风味与糖酸比有较大的关系，酸含量是糖酸比的决定性指标，一般鲜食苹果的糖酸比为30～35较为适宜，不同有机肥处理的果实糖酸比差异较大（图4-9）。从果实风味角度考虑，在选用果树秋施基肥时，牛粪与猪粪的效果最好，施肥时加入一定量的发酵大豆，可以显著改善果实的酸甜口感，从外源方面改善果实品质。

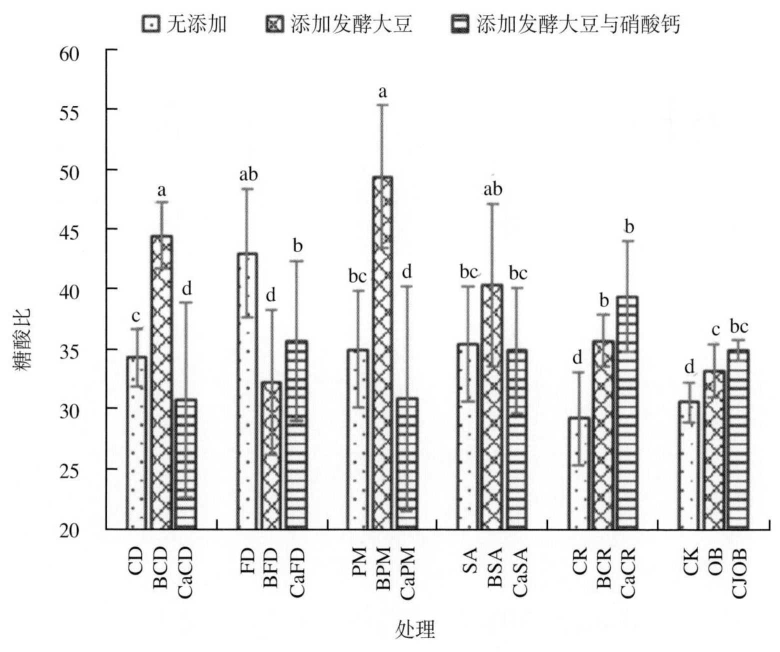

图4-9　不同有机肥处理对果实糖酸比的影响

（六）不同有机肥处理对果实蛋白质含量的影响

苹果果实中的蛋白质含量在一定程度上反映出果实内部碳水化合物合成和氮元素的积累强弱，可以看出施肥模式与有机肥种类对蛋白质含量都有较大的影响（图4-10）。

通过一系列指标测定确定了苏北地区适宜有机肥的种类，即猪粪添加发酵大豆处理的果实单果重340.63g，硬度1.97lb，可溶性糖含量9.02%，可滴定酸含量0.18%，可溶性固形物含量13.83%，糖酸比最高值49.49，与其他处理相比都处在极好的范围指标内，果实商品性也有了提高，对于指导苏北地区的苹果生产具有重要的意义。综上来讲，BPM处理，即采用猪粪添加发酵大豆的处理收益最高，在果实品质、果树生长及土壤改良方面

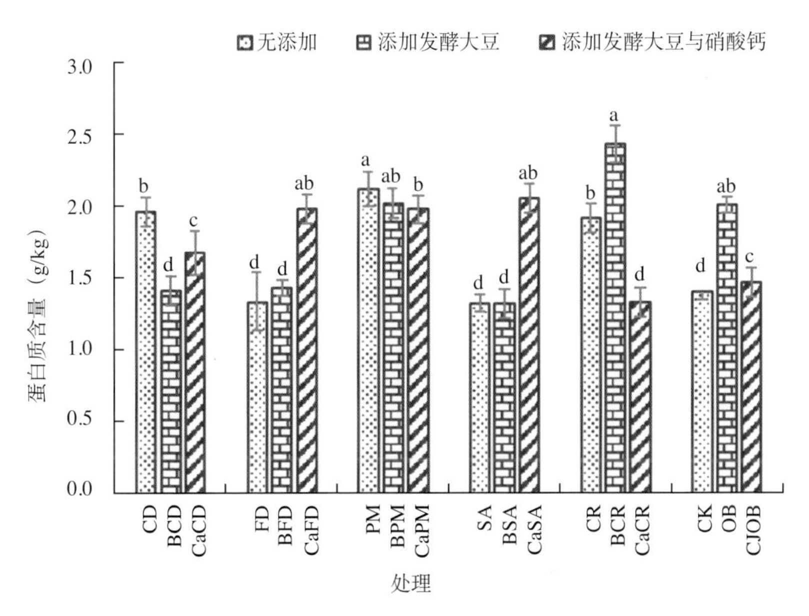

图4-10 不同有机肥处理对果实蛋白质含量的影响

其发挥的效用都起到了显著的作用，该处理的具体施用量为猪粪23kg/株，发酵大豆0.5kg/株，为该地区有机肥的推广奠定了理论基础。

第三节 水分管理

水是农业生产中十分重要的一个环节，水与土、肥密切相关。苹果树为深根作物，抗旱能力较强，在其生长发育过程中，根据果树自身生理的需要，满足其对于水分的需要，则更易获得高产优质的苹果。而且在良好农业技术措施配合情况下，还有助于克服产量大小年现象，所以水分管理在果树生产过程中十分重要。

一、苹果不同物候期对水分的需求情况与灌水

根据本地区的土壤气候条件和苹果树一年四季生长、开花、结果、休眠对水分的需求，分为5个灌溉时期，灌溉的重点在前期。

1.萌芽开花期　果树萌芽抽梢，开花坐果，需水较多。水分充足，能促进根系生长，满足开花坐果对水分的需求，促进新梢生长，叶片增大，叶面积增加。水分不足，常延迟萌芽期或萌芽不整齐，并引起新梢生长。水分过多，常引起落花落果，降低坐果率。

2.新梢旺长期　此期环境温度迅速升高，新梢生长旺盛，叶面积迅速扩大，需水量最多。如果供水不足，会影响新梢生长，甚至停止生长，同时还会加剧落果。这个时期为需水临界期，要供应充足的水分。

3.果实膨大期　果实膨大期又称花芽分化期。此时果实增大速度加快，气温高，土壤蒸发量大，此期缺水会影响果个增大，但水分过多会造成新梢徒长，影响花芽分化。灌水对当年果实大小、产量高低、成花数量和质量影响很大。

4.果实采收前后　此期果树耗水相对稳定，需水较少，在临近果实成熟期，如果不是十分干旱则不宜灌水，以免降低果实品质和裂果。一般结合后期施肥和深翻施基肥进行灌水。

5.休眠期　此时根系已变得很弱，水分对树体水分贮存、新根生长及晚秋增强叶片功能作用很小，故需水量少。在土壤解冻前结合秋施基肥灌水，有利于肥料的溶解吸收，同时还可补充树体和土壤中的水分，防止冻害和因干旱引起的抽条。

二、节水技术

节水是一项长期任务，是解决水资源问题的一项战略性和根本性举措。2019年，全国水利工作会议明确提出，要打好节约用

水攻坚战，其核心是以提高农业用水效率为目标，在有限水资源的条件下，运用先进节水工程技术，并配置相应的农业技术和用水管理等非工程节水综合技术措施，在保障实现农业生产可持续发展的前提下，不断提高农业生产的效益。

（一）合理选择灌水时期

苹果树在周年生长过程中，萌芽开花期需适量灌溉，新梢旺长期应足量灌溉，果实膨大期看墒灌水，秋冬前后保证冻水。

在生产上，往往将施肥和灌水结合在一起，以降低成本。但最主要的依据，仍是苹果年周期中的需水特点和自然降水情况。

（二）合理确定灌水量

水是苹果树的重要组成部分。一株成龄苹果树在生长期间，每天每亩蒸腾量可达2.04m^3；一株苹果树，生长期间蒸腾500 ~ 1 000kg水；夏季每亩果园蒸腾量达200 ~ 330m^3。维持苹果树正常生长发育的土壤含水量为田间持水量的60% ~ 80%，最适宜的灌水量应满足此要求。

春季是果树生长结果的关键时期，必须保证持水量在80%左右。5 ~ 6月是果树新梢旺盛生长期，营养生长需要消耗大量水分，叶片蒸腾也需要大量水分，这一时期为苹果树需水量最大的时期，也是对水分非常敏感的时期。果树生长缓慢期至花芽分化期，要适当控制土壤水分，持水量以60% ~ 70%为宜。7 ~ 9月果实陆续进入加速生长期，此时气温较高，土壤水分蒸发量大，易造成水分短缺，出现伏旱，对果实产量影响很大，应加强灌溉和保墒，及时补充土壤水分，使田间持水量保持在70%以上。后期由于气温逐渐降低，果实接近成熟，需水量又逐渐减少，田间持水量应维持在60% ~ 70%。

（三）采用节水灌溉方式

在果园节水灌溉方面，目前的节水灌溉方法有畦灌、喷灌、滴灌、地下渗灌、小管出流等形式。近年来，国外提出了限水灌溉、非充分灌溉、局部灌溉、调亏灌溉、控制性作物根系分区交替灌溉等节水灌溉新概念。滴灌、微喷灌、小管出流等尤其适用于果树灌溉，它可使果树行间保持地面干燥，便于作业，且不会破坏土壤结构。

研究表明，不同灌溉方式下单株苹果的果实数量、单株产量以及单果重由大到小的顺序是：微喷、滴灌、管灌和不灌，所以微喷为果园应用较好的节水灌溉方式。

另外，还可以改变水的传输方式，通过修防渗渠及铺塑膜输送等方式，减少在传输过程中的水分损失；或者改原来的行向漫灌为树盘灌溉，如株间交接，可把每行打段进行灌溉。

三、露天条件下土壤水分对富士苹果品质的影响

（一）土壤理化性质和养分

试验土壤的容重、孔隙度、田间持水量和土壤pH如表4-10所示，这反映了本研究实验地土壤的通气性和水分状况。可以看出，试验地土壤呈弱碱性，土质疏松，通气性好，田间持水较低，保水性较差，是典型的沙壤土特征。

表4-10　土壤理化性质

土层深度（cm）	容重（kg/m^3）	毛管孔隙度（%）	非毛管孔隙度（%）	总孔隙度（%）	田间持水量（%）	土壤pH
0～20	1.375	34.672	22.467	57.139	21.167	8.1
20～40	1.509	32.465	20.127	52.591		

本研究试验地土层深度在20cm以内的土壤有机质含量中等，N、P、K含量十分丰富，随着土层的加深，各养分含量降低（表4-11）。总体看来，试验地土壤养分含量丰富，可以为富士苹果的生长发育提供充足的营养。

表4-11　土壤养分含量

土层深度（cm）	有机质（g/kg）	全氮（g/kg）	有效磷（mg/kg）	速效钾（mg/kg）
0 ~ 20	15.763 ± 1.381	2.164 ± 0.187	129.65 ± 2.33	948.07 ± 74.97
20 ~ 40	7.973 ± 0.593	0.874 ± 0.073	30.32 ± 1.67	490.43 ± 24.84

因此可知，本研究试验地土层深度在0 ~ 20cm的土壤矿质元素含量极丰富，20 ~ 40cm处的土壤矿质元素含量有所降低，但总体来看，试验地土壤矿质元素含量很高，适于优质果品的生产(表4-12)。

表4-12　土壤矿质元素含量

土层深度（cm）	有效钙（mg/kg）	有效镁（mg/kg）	有效铁（mg/kg）	有效锌（mg/kg）	有效锰（mg/kg）
0 ~ 20	950.36 ± 42.58	364.26 ± 22.12	139.92 ± 4.734	7.66 ± 0.42	43.62 ± 2.12
20 ~ 40	421.60 ± 38.26	199.35 ± 8.00	63.37 ± 4.35	2.92 ± 0.04	6.86 ± 0.39

（二）土壤水分特征曲线

土壤水分特征曲线见图4-11。

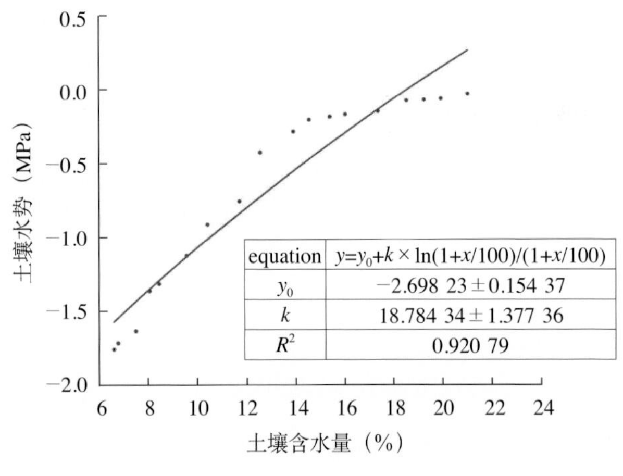

图4-11　土壤水分特征曲线

露天栽培土壤水分处理见表4-13。

表4-13　富士苹果露天栽培土壤水分处理

处理	土壤相对含水量梯度
LCK	果园灌溉
LT1	55%～65%
LT2	65%～75%
LT3	75%～85%
LT4	生理落果前55%～65%，生理落果后45%～55%
LT5	生理落果前65%～75%，生理落果后55%～65%
LT6	生理落果前75%～85%，生理落果后65%～75%

（三）土壤含水量监测

在盛花后90d之前，各处理土壤相对含水量基本处于处理波动范围内，盛花后90～120d，当地遭遇严重的暴雨天气，各处理的含水量均有所提高，这对本研究的试验处理造成不良影响。盛

花后120d之后，经过适当的晾晒，水分含量也均在处理范围内。LCK在整个监测过程中水分含量波动很大，盛花后65d含水量最低，为69.9%，盛花后107d时含水量最高，达93.2%，由此可以看出果园水分管理的不稳定性（图4-12）。

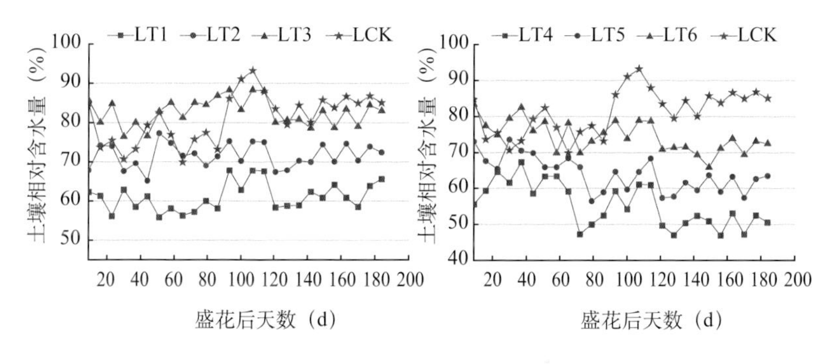

图4-12　土壤相对含水量变化趋势

（四）果实产量与内在品质

1.果实大小　土壤水分处理在一定程度上影响了果实的大小。果实纵横径随着生长发育而不断上升，果实不断增大。在盛花后80 ~ 140d，LT3和LT5两个处理的果实纵径增长速度最快，显著高于其他处理。尤其是LT3处理，在采摘前3周果实纵横径便接近最大值，表明水分充足的条件下果实增大十分迅速。采摘时，各处理果实纵径集中在75 ~ 80mm，果实横径分布在85 ~ 95mm（图4-13）。

2.单果重和果形指数　在果实发育过程中，单果重不断增加，成熟时单果重为270 ~ 350g。盛花后110 ~ 150d，LT3处理的单果重增长速度最快，果实迅速生长膨大，其他各处理间单果重增长速度相差不大。与LCK相比，LT3处理显著增加了单果重（$p<0.05$），这一趋势在果实整个发育后期都可以看出。采摘时，与对照相比，各处理的单果重分别提高了5.4%、3.9%、

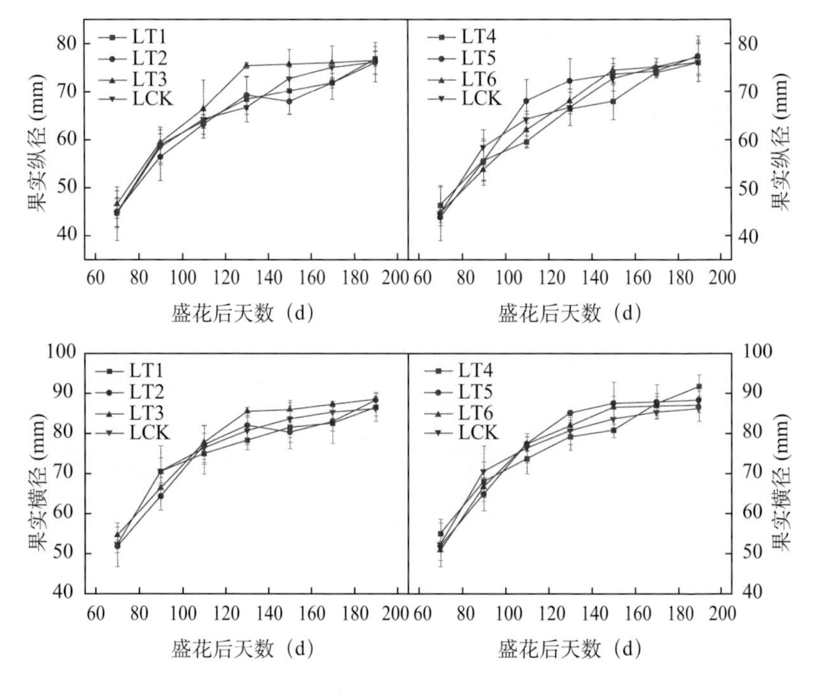

图4-13　不同土壤水分处理对苹果纵横径的影响

7.2%、3.9%、5.6%、6.5%。果形指数虽然在果实生长过程中不断地上下波动，但数值始终保持在0.8 ~ 0.9，且各处理间无显著差异（图4-14）。

3.果实硬度与可溶性固形物　果实硬度随着果实生长发育不断降低，成熟时果肉硬度为6kg/cm^{2}左右。与对照LCK相比，LT4、LT5处理成熟果实的果肉硬度显著降低（$p<0.05$），其他的水分处理与对照无显著差异。果实可溶性固形物含量在发育过程中呈上升趋势，盛花后130 ~ 150d，各处理的果实可溶性固形物含量增长最快。LT1和LT4处理相比LCK的果实可溶性固形物含量增加，LT3和LT6处理相比LCK的果实可溶性固形物含量降低，这一趋势贯穿整个发育过程。采摘时LT4处理的果实可溶性固形物含量最

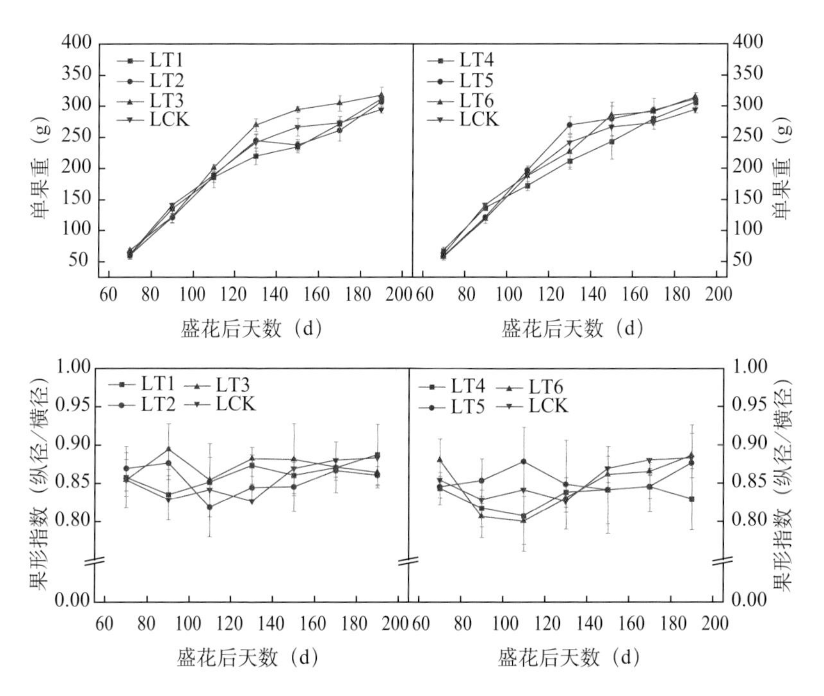

图4-14　不同土壤水分处理对苹果单果重和果形指数的影响

高，为14.367%，相比对照提高了15.2%，其次是LT1（13.433%）和LT5（13.1%），其余处理相差不大，LT3处理最低，为11.867%（图4-15）。

4.果实可溶性总糖与可滴定酸　根据图4-16可以看出，果实可溶性总糖含量在生长发育过程中呈上升趋势，这在所有处理中是一致的。盛花后65 ~ 150d，LT4处理的果实可溶性总糖含量一直高于对照和其他处理。采摘时（盛花后190d）LT4相比对照的果实可溶性总糖含量增加，但处理间差异不显著。果实可滴定酸含量随着果实发育而不断降低，LT3和LT6处理与对照相比，在生长发育后期的果实可滴定酸含量增加，但各处理间差异并不显著。

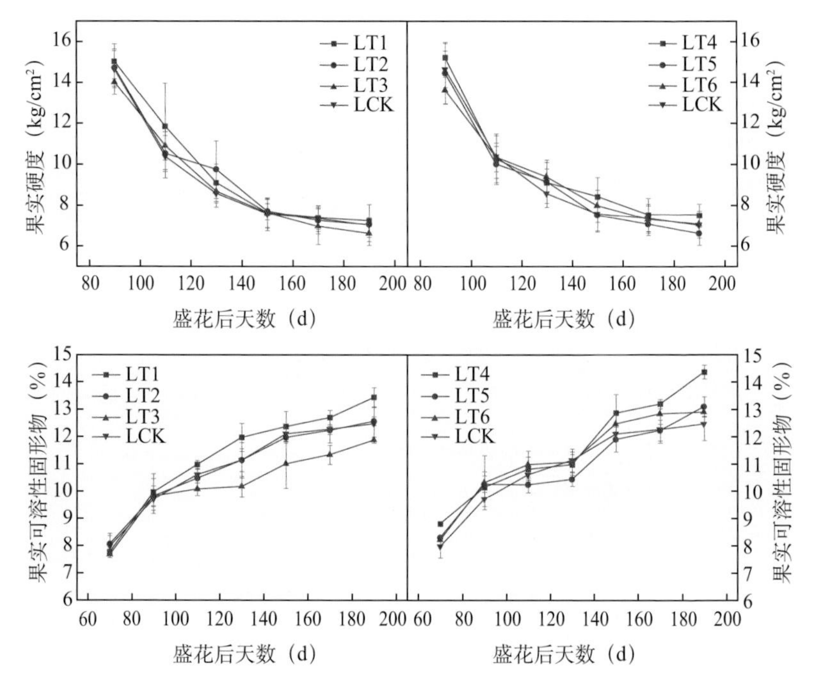

图4-15 不同土壤水分处理对苹果果实硬度和可溶性固形物含量的影响

5.果实可溶性糖组分　不同土壤水分处理对果实可溶性糖含量的影响如图4-17所示。与对照LCK相比，LT2处理的果实葡萄糖含量显著增加（增加18%），但果实蔗糖含量显著降低（降低50%）；LT3处理的果实果糖和葡萄糖含量显著增加（分别增加23%和25%）；LT4处理的果实果糖、山梨醇和蔗糖含量显著增加（分别增加24%、27%和47%）；LT5处理的果实葡萄糖含量显著增加（增加27%）；LT6处理的果实葡萄糖含量显著增加（增加36%），但果实蔗糖含量显著降低（降低52%）。

6.果实有机酸组分　苹果有机酸各组分含量如图4-18所示。与对照LCK相比，除LT5处理外其他水分处理的果实苹果酸含量均显著提高，其中LT2处理的果实苹果酸含量最高为2.53mg/g。各

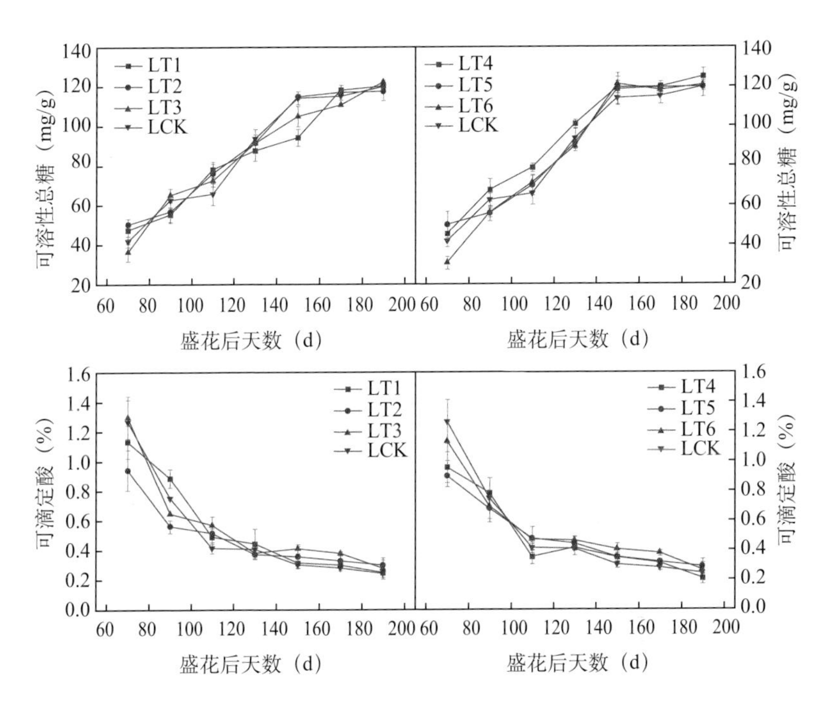

图4-16　不同土壤水分处理对苹果果实可溶性总糖和可滴定酸含量的影响

处理的果实草酸含量变化较大，LT2、LT4、LT5和LT6处理的果实草酸含量均增加，LT6处理的果实草酸含量高达4.1μg/g，提高了近205%。LT2、LT3和LT6处理的果实莽草酸含量显著高于对照LCK以及LT5处理；LT1、LT4和LT6处理的果实柠檬酸含量显著增加，而LT2、LT3和LT5处理的果实柠檬酸含量则显著降低，LT2和LT3处理的果实柠檬酸含量仅分别为对照的24.1%和21.5%。

7.果肉矿质元素　不同土壤水分处理对富士苹果果肉矿质元素的影响如表4-14所示。各处理以及对照的果肉钾元素含量没有显著差异，LT2处理的果肉钾元素含量最高，为12 098.1mg/kg。LT3和LT6处理的果肉钙元素含量最高，分别为2 262.3mg/kg和

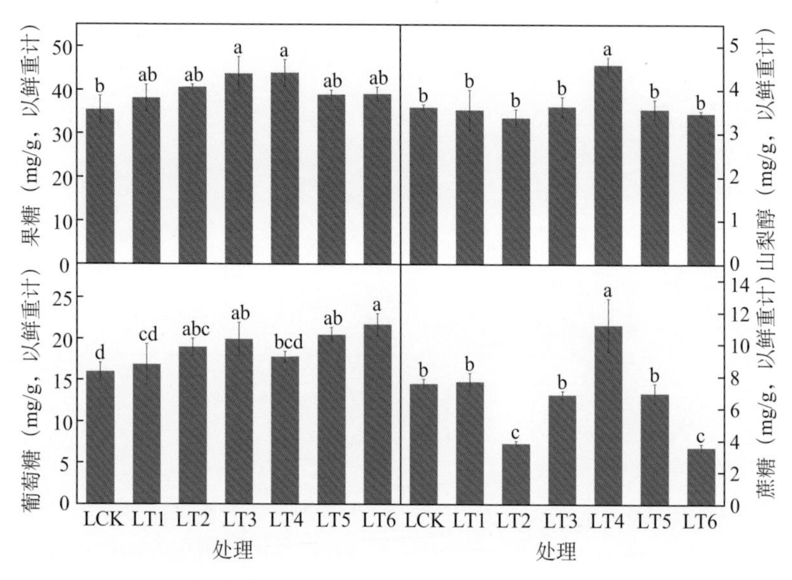

图4-17　不同土壤水分处理对苹果果实可溶性糖组分含量的影响

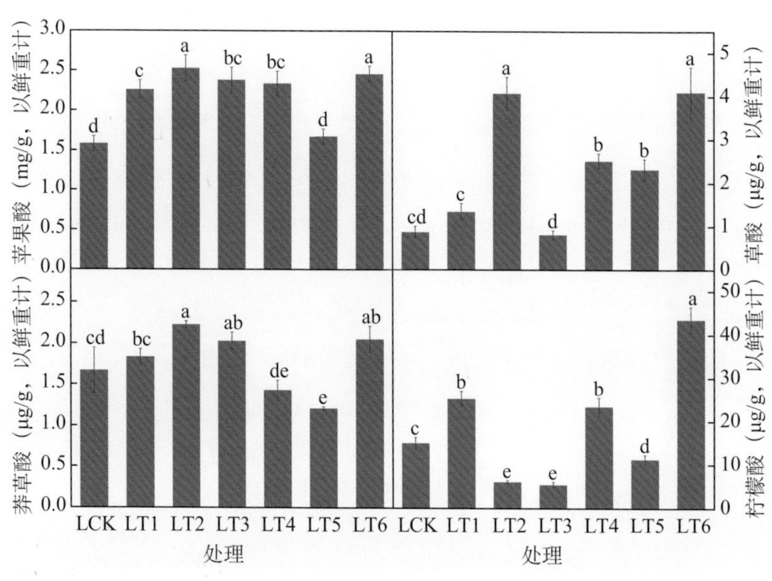

图4-18　不同土壤水分处理对苹果果实有机酸组分含量的影响

2 200.2mg/kg，LT2、LT4和LT5处理的果肉钙元素含量也较高，这些处理的果肉钙元素含量均显著高于对照。LT1、LT2和LT3处理的果肉磷元素含量相比对照显著提高，LT2处理最高，为801.4mg/kg。LT1处理的果肉钠元素含量显著低于对照，LT3处理的果肉钠元素含量则显著高于对照。LT4和LT5处理的果肉镁元素含量显著低于对照，其余水分处理与对照无显著差异。

表4-14　不同土壤水分处理对苹果果肉矿质元素含量的影响

处理	钙（Ca）（mg/kg）	钾（K）（mg/kg）	镁（Mg）（mg/kg）	钠（Na）（mg/kg）	磷（P）（mg/kg）
LT1	791.8±44.4d	11016.4±535.6ab	303.5±11.9ab	607.5±22.1c	737.6±28.3ab
LT2	1147.8±147.4c	12098.1±1894a	321.4±43.9ab	808.7±107.5b	801.4±112.9a
LT3	2262.3±202.3a	11601.1±1087ab	344.2±33.3a	1079.0±91.3a	745.2±73.4ab
LT4	1939.2±228.3b	9251.1±2008.4b	266.5±49.6bc	733.0±162.7bc	636.4±111.4bc
LT5	1206.2±142.6c	9569.6±1809.4ab	270.3±45.5bc	674.8±114.9bc	654.6±121.6abc
LT6	2200.2±22.8a	9253.5±2095.1b	337.8±68.4a	809.5±174.1b	621.2±142.7bc
LCK	925.2±35.6d	10164.3±863.3ab	233.9±12.8c	821.5±66.1b	564.0±35.6c

8.果皮矿质元素　富士苹果果皮的矿质元素含量变化结果如表4-15所示。成熟时果皮矿质元素含量从高到低分别是钾、钙、镁、磷和钠，这与果肉有所不同，果皮中的镁元素含量大大提高，其余元素含量变化不大。对照LCK的果皮钾元素含量最高，其余水分处理除LT2外均显著降低。LT2处理的果皮钙元素含量高达2 237.4mg/kg，显著高于对照，LT1处理的果皮钙元素含量仅为1 300.7mg/kg，显著低于对照。LT1、LT4和LT5处理的果皮镁元素含量相比对照显著降低，其余处理间无显著差异。对照LCK的果皮钠元素和磷元素含量分为752.6mg/kg和877.2mg/kg，各水分处理的果皮钠、镁元素含量均显著降低。

表4-15　不同土壤水分处理对苹果果皮矿质元素含量的影响

处理	钙（Ca）（mg/kg）	钾（K）（mg/kg）	镁（Mg）（mg/kg）	钠（Na）（mg/kg）	磷（P）（mg/kg）
LT1	1300.7±94.5e	7730.4±1418.0bc	826.6±65.1b	507.4±71.8bc	592.0±103.3bc
LT2	2237.4±94.4a	9121.1±1416.2ab	1093.6±168.4a	627.5±50.2b	633.8±115.8bc
LT3	1793.1±37.7cd	8549.7±319.8b	1154.1±66.1a	598.7±13.5b	658.2±40.6b
LT4	1646.1±111.9d	5905.8±1772.1c	766.1±161.8b	506.8±130.3bc	494.8±130.9c
LT5	2078.2±164.6b	7395.7±622.1bc	957.6±72.4ab	467.9±28.6c	555.2±51.5bc
LT6	1937.6±36.0bc	8841.1±488.2b	1133.7±101.9a	588.6±54.6bc	709.2±26.0b
LCK	1785.2±13.3cd	10955.3±711.3a	1161.6±46.4a	752.6±28.1a	877.2±33.9a

9.果肉含水量　如图4-19所示，不同水分处理的富士苹果果肉含水量变化趋势相似，盛花后65 ~ 110d，果肉含水量均呈上升趋势；盛花后110 ~ 150d，果肉含水量呈下降趋势；盛花后150d到采摘前，果肉含水量再次呈上升趋势。其中，LT3处理的果肉含水量在盛花后110 ~ 130d仍呈上升趋势，在盛花后130d达到最高值（89.8%），显著高于同期其他处理值。LT5处理的果肉含水量在成熟后期明显高于对照与其他处理，在盛花后190d时达到最高值（93.5%），与对照相比提高了3.9%，其他处理之间无显著差异。

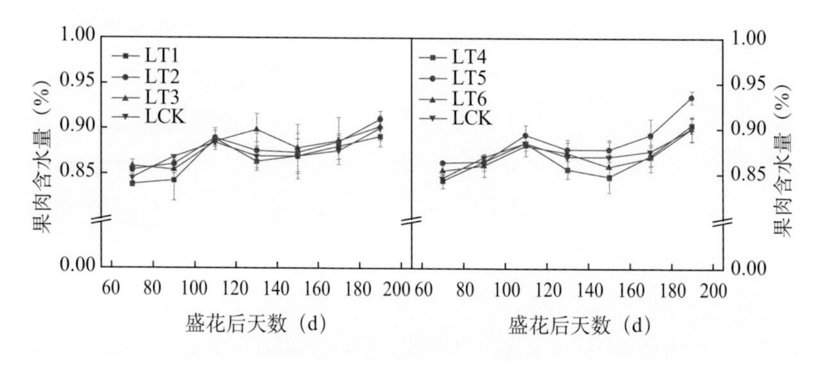

图4-19　不同土壤水分处理对苹果果肉含水量的影响

10.果皮含水量　富士苹果果皮含水量在不同的水分处理下呈现出不同的变化趋势（图4-20），LT1、LT2和LT3处理在盛花后150d之前上下波动无明显趋势，盛花后150d之后呈下降趋势；而LT4、LT5、LT6处理和LCK的变化趋势与果肉含水量有些相似，盛花后110 ～ 150d呈下降趋势，盛花后150 ～ 190d呈上升趋势，这可能是因为LT4、LT5和LT6这3个处理后期土壤含水量降低造成的。两组处理在后期的变化差异明显，LT1、LT2和LT3处理在盛花后190d时的果皮含水量为72% ～ 75%，而LT4、LT5、LT6处理的果皮含水量则为75% ～ 81%，后者要显著高于前者。其中LT3的果皮含水量最低，为72.2%，LT5的果皮含水量最高，为80.8%。

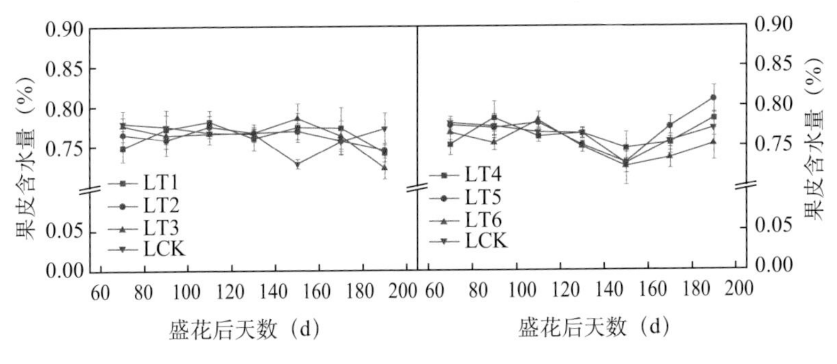

图4-20　不同土壤水分处理对苹果果皮含水量的影响

（五）果皮酶活性

不同土壤水分处理对果皮抗氧化酶活性的影响如图4-21所示。与对照的果皮SOD活性（73U/g，以鲜重计）相比，LT1、LT3、LT4和LT5处理的果皮SOD活性增加，但并无显著差异；LT6处理的果皮SOD活性显著提高，其SOD活性高达182U/g（以鲜重计），相比对照提高将近150%。各处理的苹果果皮POD活性无显著差异，LT1处理的最高，为23.7U/g（以鲜重计），相比对照提高了42%。与对照相比，LT1处理的果皮CAT活性降低，但无显著差异；LT3、LT4

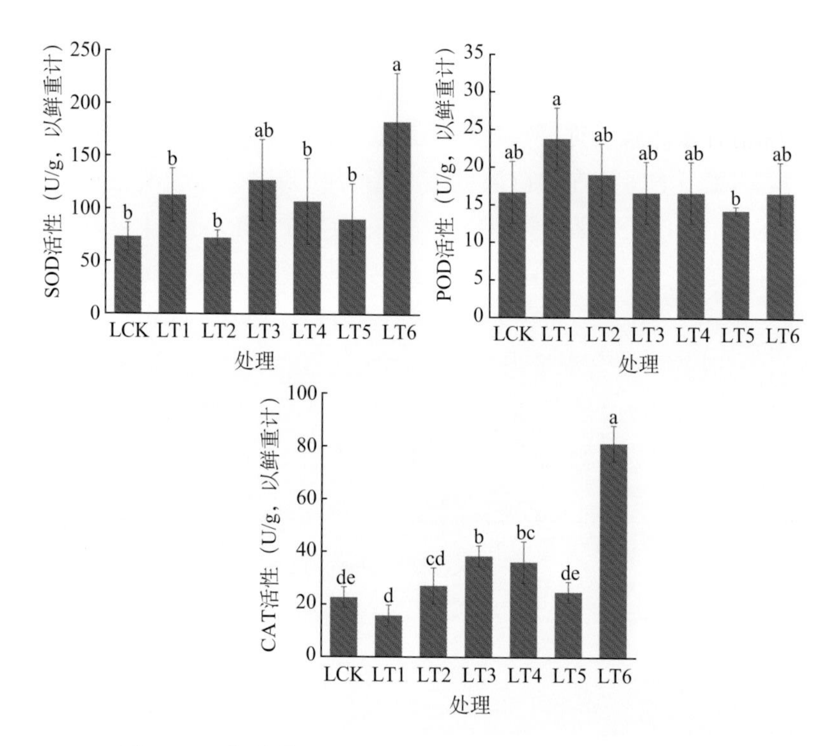

图4-21　不同土壤水分处理对苹果果皮抗氧化酶活性的影响

和LT6处理的果皮CAT活性则显著提高，LT3（38U/g，以鲜重计）、LT4（36U/g，以鲜重计）和LT6（81U/g，以鲜重计）处理的果皮CAT活性分别提高了72%、63%和268%。LT6处理的果皮SOD和CAT活性相比对照显著提高，提高幅度分别为149%和260%。

（六）果实外观品质

1.成熟前果实裂纹发生趋势　经过长时间跟踪调查，直到盛花后150d时，果实裂纹才逐渐开始产生，LCK、LT1和LT6处理的果实表面已经可以看到明显的裂纹，LT1果实相比其他处理表面泛黄。到盛花后157d时，LCK的裂纹发生已经十分严重，并且在持续加剧。LT1、LT4和LT6处理的果实裂纹在果实发育过程中逐渐

蔓延开来，LT4和LT6处理表现为密集的微小裂纹。LT2、LT5和LT3处理在果实发育过程中裂纹发生相对较少，果实表面看起来相对光滑许多。采摘时，尽管LT1、LT4处理的果实表面裂纹分布很多，但由于多是密布的微小裂纹，从感官上看，LT1、LT4处理的果实光洁度仍要优于对照LCK（图4-22）。

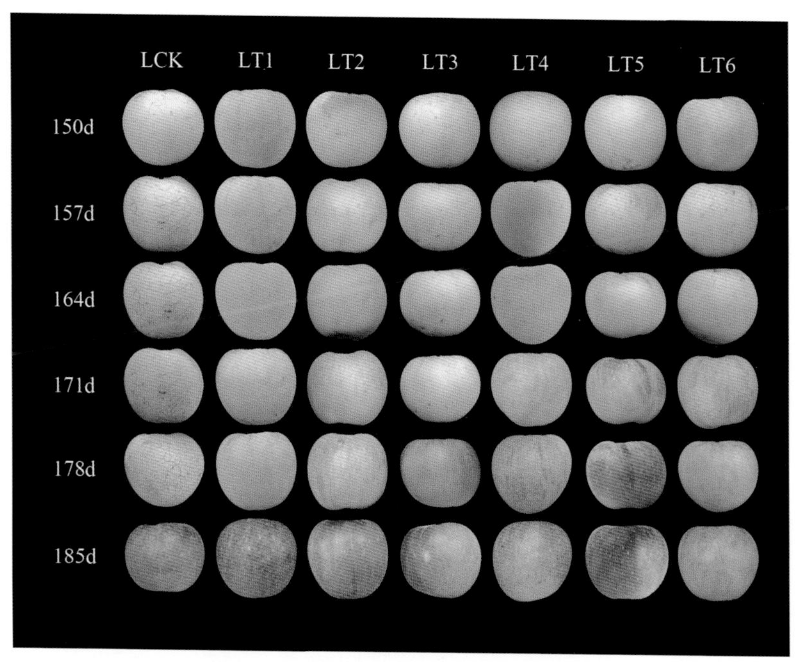

图4-22　富士苹果成熟前果实裂纹发生情况

随着时间的推移，富士苹果开始着色，其中LT5着色最早，在盛花后157d时便在果实的右上部出现明显的红色。其他的处理果实着色相对较晚，最晚的LT1直到盛花后178d才看出明显的红色。果实采摘时（盛花后185d），LT2和LT5处理的果实着色较好，颜色红艳且均匀，LT1、LT3处理和对照LCK的果实着色不太均匀，有明显的色差，LT4和LT6处理的果实着色相对较浅，果实偏黄绿色。

2.成熟期果实裂纹率　果实成熟期时，不同水分处理下果实以及果实不同部位的裂纹率结果如表4-16所示。对照和LT1、LT4处理的果实裂纹发生率最高，分别为69%和74%、67%。LT2、LT3、LT5和LT6处理相比对照，果实裂纹率都显著降低，裂纹率分别为28%、41%、25%和31%，LT2和LT5处理的果实裂纹率最低。相比果实梗洼和萼洼处，果实中部的裂纹率更低一些。在各个处理以及对照中，梗洼处的裂纹率均高于60%，萼洼处的裂纹率均高于70%，而果实中部的裂纹率除LT1、LT4处理和对照外，均低于30%。由此看来，在不同的土壤水分处理下，果实梗洼和萼洼处均是裂纹的主要发生部位。

表4-16　不同土壤水分处理对苹果不同部位裂纹率的影响

处理	裂纹率（%）			
	果实	梗洼	中部	萼洼
LT1	74±10.07a	71±1.15abc	72±11.93a	95±3.51a
LT2	28±2.52c	67±2.89abc	7±2.89d	80±10.00ab
LT3	41±9.02b	78±2.52ab	26±4.73b	77±11.36ab
LT4	68±2.00a	79±7.94a	63±4.16a	88±8.74ab
LT5	25±3.00c	65±10.00bc	13±1.53cd	70±15.00b
LT6	31±4.04bc	71±12.10abc	23±1.53bc	77±10.41ab
LCK	69±6.56a	60±5.00c	65±7.00a	76±12.10ab

3.成熟期果实裂纹指数、着色指数及果面光洁指数　结果表明（表4-17）：与对照相比，LT1至LT6处理的果实裂纹指数分别降低了−30.1%、49.8%、19.8%、−20.1%、49.8%、30.1%，LT2和LT5处理与对照差异显著；着色指数分别提高了3.4%、14.0%、−13.7%、−20.5%、17.4%、−31.1%，LT4和LT6处

理与对照差异显著；果面光洁指数分别提高了50.4%、150.4%、125.6%、45.2%、175.9%、100.8%，LT1、LT2、LT3和LT5处理均与对照差异显著。其中，LT2与LT5处理的果实裂纹指数降低，果实着色指数与果面光洁指数提高。

表4-17　不同土壤水分处理对苹果裂纹指数、着色指数及果面光洁指数的影响

处理	裂纹指数	着色指数	果面光洁指数
LT1	4.33±0.58a	3.33±0.50a	2.00±1.00bc
LT2	1.67±.58d	3.67±0.50a	3.33±0.58ab
LT3	2.67±0.58bcd	2.78±0.67bc	3.00±1.00ab
LT4	4.00±1.00ab	2.56±0.53cd	2.33±0.58abc
LT5	1.67±0.58d	3.78±0.44a	3.67±0.58a
LT6	2.33±0.58cd	2.22±0.67d	2.67±1.15abc
LCK	3.33±0.58abc	3.22±0.44ab	1.33±0.58c

4.成熟期果实色泽　采摘后测定了不同土壤水分处理后的果实色泽参数，结果如表4-18所示。L^*值（0 ~ 100）代表了果实的亮度，数值越大，亮度越高；a^*值（−60 ~ +60）代表了果实的红绿色度，负值代表绿色，正值代表红色；b^*值（−60 ~ +60）代表了果实的黄蓝色度，负值代表蓝色，正值代表黄色。对照的果实L^*值最低，LT6处理与其无显著差异，其他处理均显著高于对照，LT5的L^*值最高，为59.45，相比对照增加了13.6%。所有处理的果实a^*值和b^*值均为正值，说明不同水分处理下，富士苹果成熟时颜色均偏向红色和黄色色度。各处理的果实a^*值变化与L^*值相似，LT5处理与对照无显著差异，但其他处理均显著低于对照，LT5的果实a^*值最高，为22.27。LT4和LT5处理的果实b^*值显著高

于对照，分别为20.16和19.10，增幅分别为9.5%和3.7%，其余处理与对照无显著差异。

表4-18　不同土壤水分处理对苹果色泽的影响

处理	L^*值	a^*值	b^*值
LT1	54.56±2.09bc	18.55±1.82b	17.15±1.88c
LT2	57.52±3.97ab	17.09±1.72bc	18.67±1.62b
LT3	57.49±2.28ab	18.21±1.27b	18.03±1.29bc
LT4	58.71±3.71a	14.03±0.96d	20.16±1.13a
LT5	59.45±2.71a	22.27±2.39a	19.10±1.32a
LT6	55.15±3.09bc	15.81±1.39c	18.00±1.42bc
LCK	52.33±3.32c	21.52±1.96a	18.41±0.69bc

5.果皮显微结构

（1）正置荧光显微镜（石蜡切片）观察。LCK处理的果皮角质层较薄，并且可以明显看到角质层陆续断裂；LT1处理的果皮角质层发生完全断裂，裂缝开口很大，且在断裂处有许多较小的细胞聚集；LT3处理的果皮角质层也发生断裂，但断裂程度低于LT1处理，断裂处也观察到有细胞聚集；LT4处理的果皮角质层产生一个小缺口，形成果皮的微裂纹；LT2、LT5和LT6处理的果皮并没有发生角质层的明显断裂，但LT2、LT6处理角质层下也存在小细胞聚集的现象，这可能预示着果皮有开裂的趋势。LT5处理果皮角质层结构良好，没有发生开裂（图4-23）。

（2）扫描电子显微镜（SEM）观察。为了进一步观察不同水分处理的富士苹果果皮表面的微观结构，选择特征明显的一组土壤水分处理进行果皮的扫描电子显微镜拍摄观察（图4-24）。结果表明，LT4和LCK处理的果皮表面存在很大的裂缝，果皮开裂十

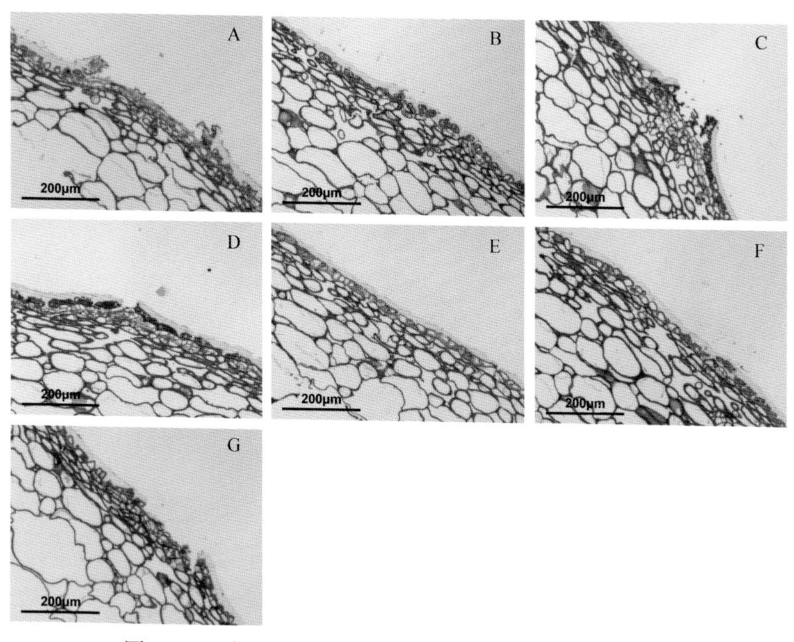

图4-23　不同土壤水分处理下富士苹果果皮的石蜡切片

A.LT1　B.LT2　C.LT3　D.LT4　E.LT5　F.LT6　G.LCK

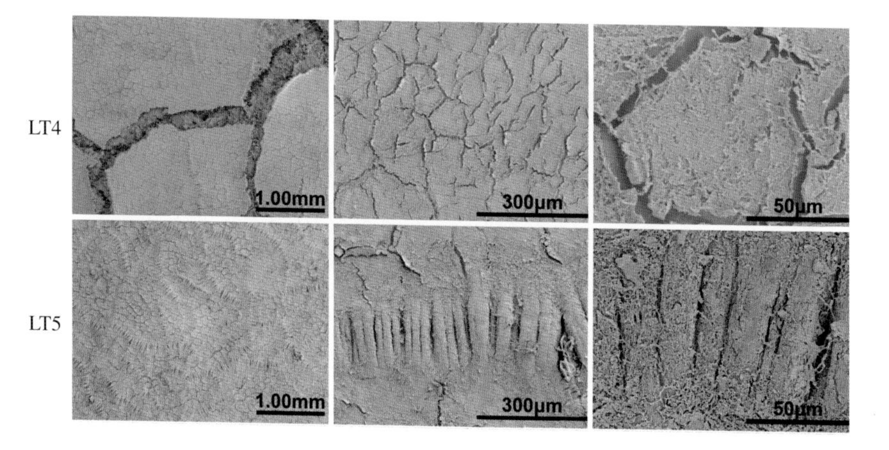

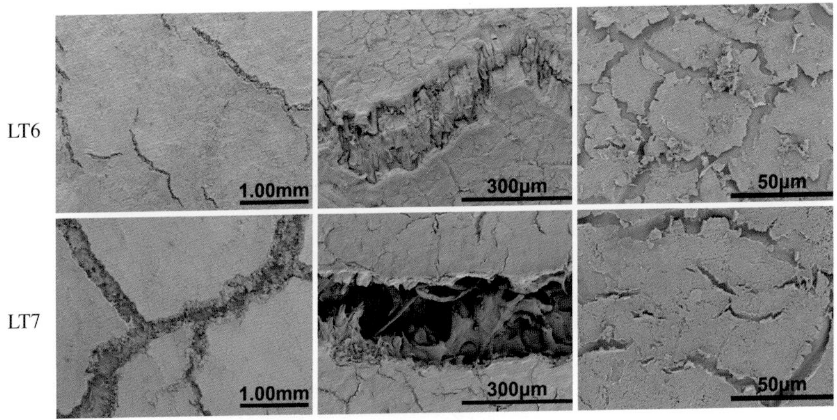

图4-24　不同土壤水分处理下富士苹果果皮的扫描电子显微镜成像

分严重，除大裂缝的其他部分均匀分布着许多小波纹，这些波纹将表层的蜡板分割成一个个多边形的小室；LT6处理的果皮表面也存在明显裂缝，但裂缝与对照相比较小，且与果肉相连；LT5处理的果皮没有明显的大裂纹，但在高倍镜下，看到果皮上分布着许多类似补丁形状的细小裂纹，果皮虽然没有明显的开裂，但是存在着将要开裂的趋势。

四、避雨条件下土壤水分对富士苹果品质的影响

避雨栽培土壤水分处理见表4-19。

表4-19　富士苹果避雨栽培土壤水分处理

实验处理	土壤相对含水量梯度
BCK	果园灌溉
BT1	55%～65%
BT2	65%～75%
BT3	75%～85%
BT4	生理落果前55%～65%，生理落果后45%～55%

（续）

实验处理	土壤相对含水量梯度
BT5	生理落果前65%～75%，生理落果后55%～65%
BT6	生理落果前75%～85%，生理落果后65%～75%

（一）土壤含水量监测

避雨棚内烟富3号于4月8日盛花，第一次土壤含水量监测在4月17日，此后每周测定一次，为具体的水分管理作参考。监测结果如图4-25所示，BT1处理的土壤相对含水量于盛花后170d达到最高，为64.3%，在盛花后86d时监测的结果最低，为57.9%，在苹果整个生长发育期水分处理效果较好。BT2处理在第一次监测时土壤相对含水量最高，为74.8%，监测期间含水量虽然上下波动，但一直处于水分处理的设置范围。BT3处理的土壤相对含水量一直在80%的水平线小范围浮动，盛花后44d，达到最低，为74.4%，略微低于处理水平。BT4处理在盛花后44d土壤相对含水量为68.1%，超出水分设置水平，其余时期在处理范围内。BT5和BT6处理从监测结果上看，整体水分管理较好，没有明显偏差。BT4、BT5和BT6处理均于盛花后79d开始进行方案设置的低水处

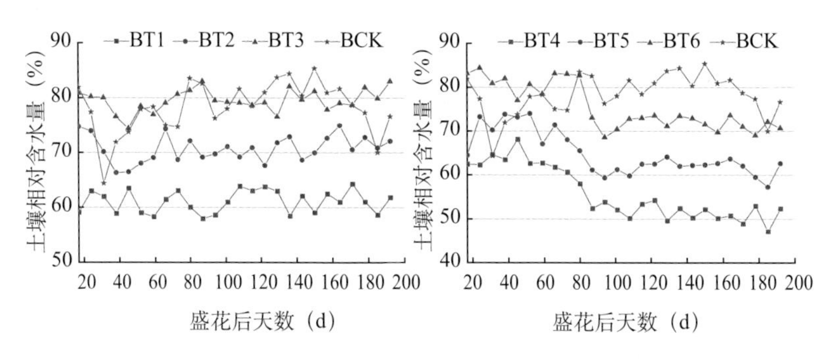

图4-25 土壤相对含水量变化趋势

理。果园灌溉（对照）BCK相比其他的水分处理，土壤的相对含水量波动较大，没有规律性。盛花后30d，BCK的相对含水量低至64.4%，盛花后149d则高于84.4%，前后土壤水分状况相差较大。

（二）果实产量与内在品质

1.果实大小　避雨条件下土壤水分处理对富士苹果大小有所影响。BT1处理在盛花后110 ~ 130d时，果实的纵横径增长速度较慢，其他处理在该时期果实纵横径快速增加，且在成熟期BT1处理的果实纵横径要低于对照和其他水分处理。在果实发育中后期，BT2和BT5两个处理纵横径增长速度明显高于其他处理。在果实成熟时，BCK的果实纵径最大，BT3处理的果实横径最大，但处理间差异不显著（图4-26）。

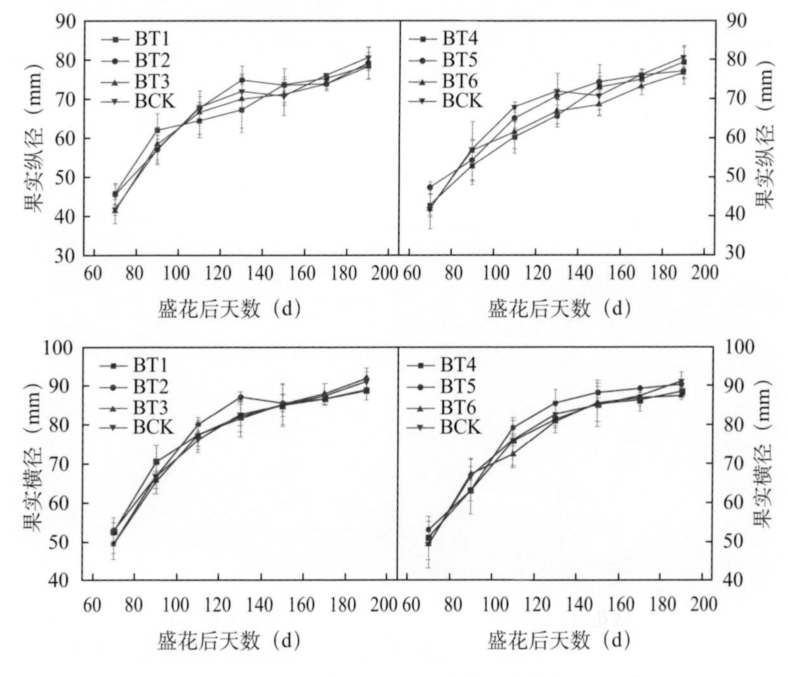

图4-26　不同土壤水分处理对苹果纵横径的影响

2.单果重和果形指数　不同土壤水分处理对富士苹果重量和果形指数也有影响。盛花后110 ~ 150d是果实的快速生长期，单果重上升速度最高，BT5处理在该阶段单果重迅速上升至最高。在盛花后150d，BT5处理的单果重高达312g，相比对照显著增加了果实的重量，并在成熟期达到330g，仅低于BT3处理的340g。采摘时，BT1至BT6处理相比对照的单果重分别提高了−5.0%、0.4%、6.9%、−7.3%、4.0%、0.7%。果实的果形-指数在果实发育过程中不断波动，成熟时，果形指数从高到低分别为BT4（0.896）、BT2（0.890）、BCK（0.884）、BT1（0.883）、BT6（0.875）、BT5（0.851）、BT3（0.850）（图4-27）。

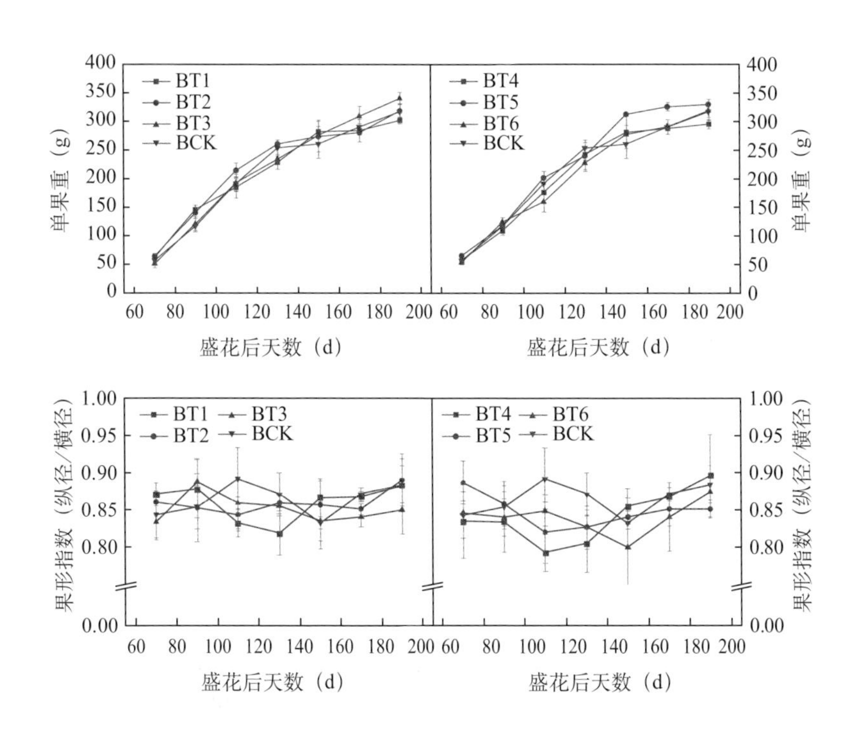

图4-27　不同土壤水分处理对苹果单果重和果形指数的影响

3.果实硬度与可溶性固形物　随着果实的生长发育，果实的硬度逐渐降低。BCK的果实硬度一直显著高于其他的水分处理。BT2和BT6处理的果实硬度在盛花后110 ～ 150d下降速度最快，下降幅度分别为54.6%和62.4%。采摘时果实硬度为6.5kg/cm^{2}左右。果实可溶性固形物含量随着果实成熟而增加，BT1处理的果实可溶性固形物含量在整个处理过程中均显著高于对照，成熟时最高，达12.4%。采摘时，BT1至BT6处理相比对照，可溶性固形物含量分别提高了9.7%、4.3%、3.5%、7.7%、7.2%、1.8%（图4-28）。

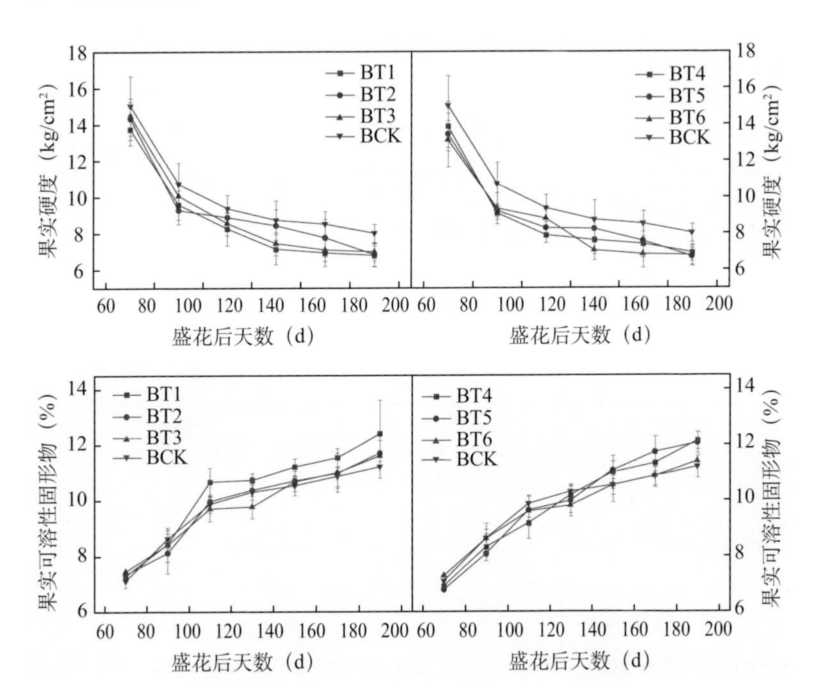

图4-28　不同土壤水分处理对苹果果实硬度和可溶性固形物含量的影响

4.果实可溶性总糖与可滴定酸　不同土壤水分处理对果实可溶性总糖和可滴定酸的影响也不相同（图4-29）。可溶性总糖的含量随着果实的成熟不断增加，变化的趋势与可溶性固形物相

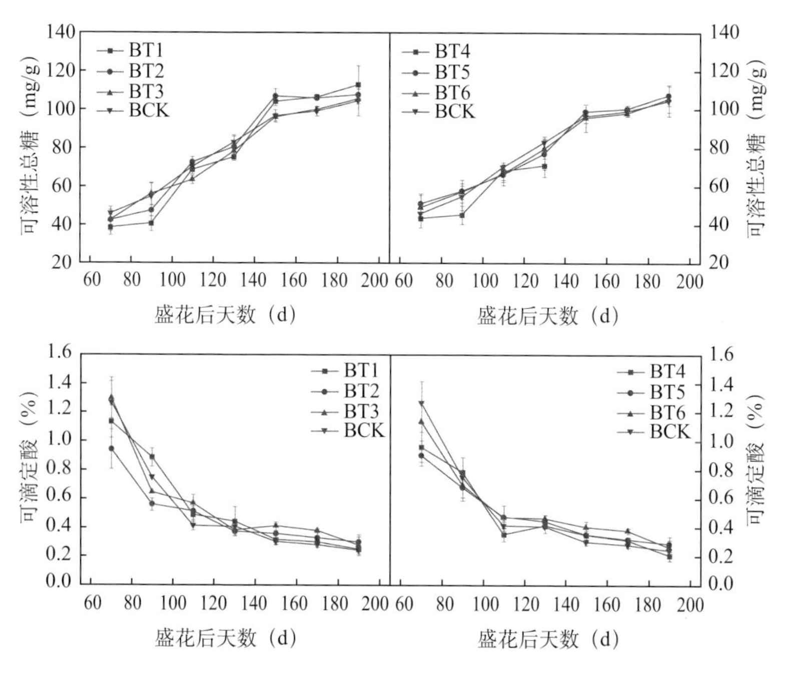

图4-29　不同土壤水分处理对苹果可溶性总糖和可滴定酸含量的影响

似，而可滴定酸的含量则不断降低。果实可溶性总糖含量在盛花后90 ~ 150d增加速度最快，BT2处理的果实可溶性总糖含量从47mg/g增加到107mg/g，BT4处理的果实可溶性总糖含量从45mg/g增加到95mg/g。BT1和BT2处理的果实可溶性总糖含量在盛花后150 ~ 190d（采摘时），高于对照BCK和其他水分处理。BT3、BT4、BT5和BT6处理的果实可溶性总糖含量增加速度与对照基本相同，无显著差异。果实可滴定酸含量在盛花后70 ~ 110d下降速度最快，其中BT3处理的果实可滴定酸下降幅度高达72.5%，盛花后110d以后，果实可滴定酸含量的降幅放缓。采摘时，BCK的果实可滴定酸含量最高（0.285%），其次是BT1（0.267%）、BT6（0.262%）、BT4（0.253%）、BT5（0.253%）、BT3（0.251%）、

BT2（0.239%）。

5.果实可溶性糖组分　不同土壤水分处理对果实成熟期可溶性糖组分（果糖、葡萄糖、蔗糖和山梨醇）的影响如图4-30所示。BCK的果实果糖含量为27.48mg/g，BT1、BT2和BT6处理的果实果糖含量显著高于对照BCK，分别为36.33mg/g、32.95mg/g和40.21mg/g。BT3、BT4和BT5处理的果实果糖含量与对照无显著差异。各处理和对照的果实山梨醇含量之间无显著差异，均在3～4mg/g。BT2、BT3和BT6处理比对照的果实葡萄糖含量显著提高，BT3含量最高，为21.48mg/g，增加了约42%。BT1、BT4和BT5处理的果实葡萄糖含量与对照无显著差异，其中BT5处理的果实葡萄糖含量最低，为13.64mg/g。

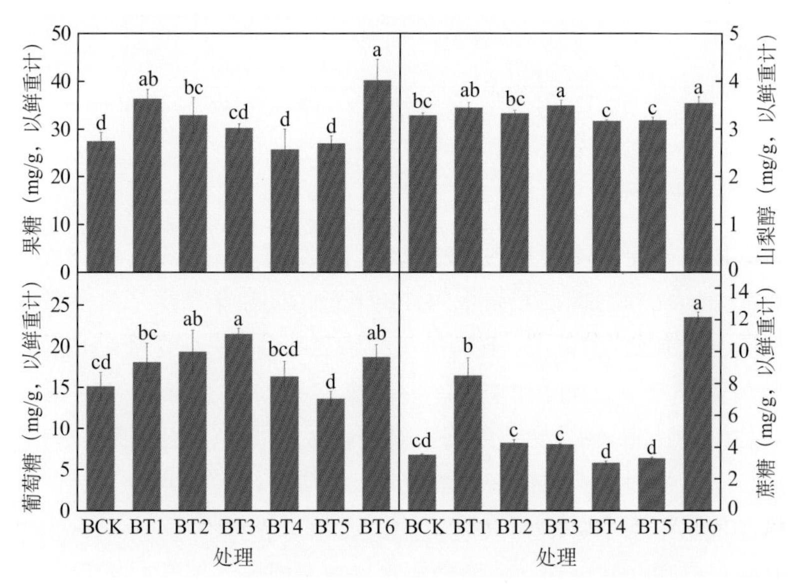

图4-30　不同土壤水分处理对果实可溶性糖组分含量的影响

6.果实有机酸组分　果实有机酸组分（苹果酸、草酸、莽草酸和柠檬酸）的含量如图4-31所示。在所有的有机酸中，苹果酸

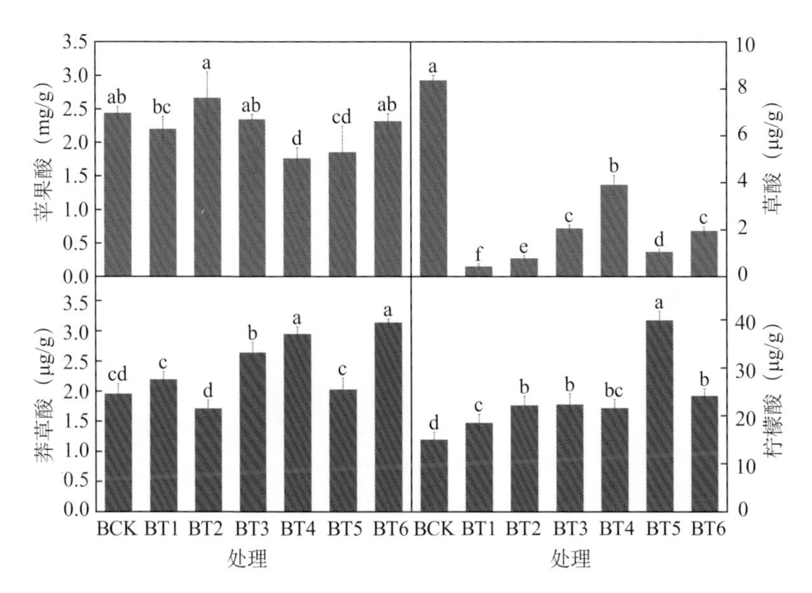

图4-31　不同土壤水分处理对果实有机酸组分含量的影响

的含量最高，占比超过95%。各处理中BT2的果实苹果酸含量最高，为2.67mg/g，BT4的果实苹果酸含量最低，为1.76mg/g，对照BCK的果实苹果酸含量为2.44mg/g，虽有差异但未达$p<0.05$的显著水平。草酸的含量差异很大，BCK的果实草酸含量为8.36μg/g，远高于其他的水分处理。BT3、BT4和BT6处理的果实莽草酸含量分别为2.64μg/g、2.95μg/g和3.14μg/g，显著高于对照BCK（1.96μg/g），其他处理与对照无显著差异。BT5处理的果实柠檬酸含量为39.92μg/g，是对照BCK的果实柠檬酸含量（15.04μg/g）的2.65倍，其他各处理的果实柠檬酸含量也显著高于对照。

7.果肉矿质元素　在不同土壤水分处理下，苹果果肉矿质元素含量如表4-20所示，平均含量从高到低依次是钾、钙、磷、钠、镁。BCK的钾含量较高，BT1、BT3、BT4和BT6处理的果肉钾元素含量均显著降低，BT2和BT5处理的果肉钾元素含量与对照相差不大。BCK的果肉钙元素含量很低，仅有611mg/kg，其他水分处理的果肉钙元素含量均显著大于BCK。果肉中的钠元素和镁元素含量相近，受不同处理影响有些许差异。BT2和BT6处理的果肉钾元素含量显著增加，BT2和BT6处理的果肉磷元素含量显著增加。BCK的果肉镁元素含量为320mg/kg，BT1处理的果肉镁含量显著降低（250mg/kg），BT6处理的果肉镁元素含量显著提高（403mg/kg）。

表4-20　不同土壤水分处理对苹果果肉矿质元素含量的影响

处理	钙（Ca）（mg/kg）	钾（K）（mg/kg）	镁（Mg）（mg/kg）	钠（Na）（mg/kg）	磷（P）（mg/kg）
BT1	1 885.5±209.5c	7 684.4±1 699.4c	250.1±60.3e	598.0±140.8b	535.4±116.3cd
BT2	2 639.7±347.4a	10 821.9±1 377.3b	383.9±49.0ab	814.2±94.3a	733.1±95.8ab
BT3	1 339.5±130.0d	8 190.6±499.1c	286.6±14.0cde	518.0±37.5b	501.7±36.2cd
BT4	2 495.7±93.4ab	7 330.6±1 432.7c	260.1±42.7de	489.4±90.1b	480.7±79.0d
BT5	2 162.2±330.7bc	9 140.2±288.5bc	348.8±9.4abc	500.5±20.8b	623.2±10.7bc
BT6	2 254.0±57.2ab	12 764.4±74.0a	403.3±15.6a	761.6±18.2a	814.9±13.4a
BCK	611.0±62.7e	10 262.1±1 476.1b	320.2±35.4bcd	508.6±56.3b	519.8±68.9cd

8.果皮矿质元素　果皮中的矿质元素含量从高到低依次为钾、钙、镁、磷、钠，与果肉相比，果皮中的镁元素含量大幅度提高，钾元素含量小幅降低（表4-21）。各处理的果皮钾元素和镁元素含量与对照相差不大，只有BT5处理的果皮钾、镁元素含量显著降低（钾6 049.6mg/kg、镁857.5mg/kg），其他处理与对照无显著差异。果皮钙元素含量在对照BCK中较低，除BT1处理与其相差不大外，其他土壤水分处理的果皮钙元素均显著高于BCK。BT5和对照BCK相比，果皮钠元素含量显著降低（348.8mg/kg）；BT5和BT6处理的果皮磷元素含量显著降低（分别为467.4mg/kg、504.9mg/kg）。

表4-21 不同土壤水分处理对苹果果皮中矿质元素含量的影响

处理	钙（Ca）（mg/kg）	钾（K）（mg/kg）	镁（Mg）（mg/kg）	钠（Na）（mg/kg）	磷（P）（mg/kg）
BT1	1 726.3±129.1c	7 081.8±2 091.4ab	1 245.9±87.1a	523.3±142.9b	643.3±171.8ab
BT2	2 735.8±134.9a	9 087.5±440.0a	1 172.9±70.5a	685.8±62.5a	691.4±43.0a
BT3	2 538.6±289.5ab	8 926.0±230.4a	1 276.8±30.5a	519.2±37.2b	648.9±68.1ab
BT4	2 564.4±285.4ab	8 160.6±1 199.1a	1 378.9±92.7a	575.3±59.9ab	676.4±66.1a
BT5	2 276.9±264.3b	6 049.6±977.5b	857.5±104.2b	348.8±37.1c	467.4±64.8c
BT6	2 266.1±215.8b	7 976.6±1 551.0ab	1 194.5±268.2a	597.1±120.8ab	504.9±82.5bc
BCK	1 612.2±104.5c	8 775.6±708.9a	1 341.7±94.4a	615.6±38.6ab	758.9±61.5a

9.果肉含水量 不同土壤水分处理对果肉含水量变化的影响如图4-32所示。在盛花后70～110d，果肉含水量快速增加，其中BT3处理的增加幅度最大，达4.8%。在盛花后110～130d，果肉含水量骤然下降，BCK下降幅度最大，为3.2%。盛花后130d之后，果肉的含水量又缓慢上升并持续到果实成熟。成熟采摘时，果肉含水量从高到低依次为BT5（93.9%）、BT2（93.7%）、BT4（92.9%）、BT6（92.3 %）、BCK（91.8 %）、BT3（91.0 %）、BT2（90.9 %），均高于第一次测定的含水量。

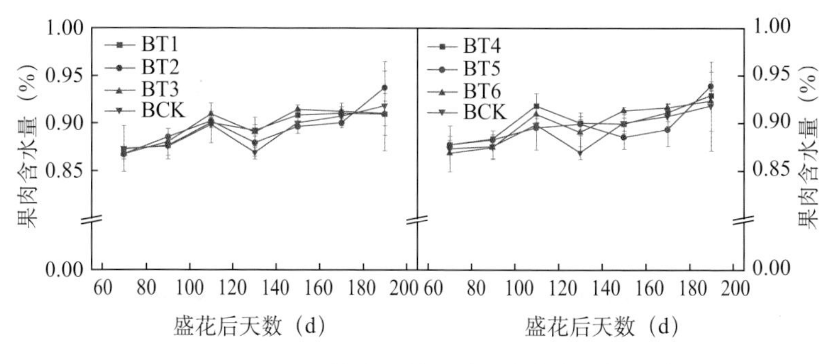

图4-32 不同土壤水分处理对果肉含水量的影响

10.果皮含水量　不同土壤水分处理对果皮含水量的影响如图4-33所示。果皮含水量的前期变化趋势与果肉含水量一致，盛花后70～110d呈上升趋势，盛花后110～130d下降。不同的是，盛花后130d到采摘前，果皮含水量先增加然后再降低。BT5处理稍有不同，该处理的果皮含水量在盛花后110～150d均处于下降趋势，之后才开始上升。BCK的果皮含水量对比其他的土壤水分处理更低一些，果实成熟时，BCK的果皮含水量仅为73.2%，显著低于BT2、BT3和BT5处理。

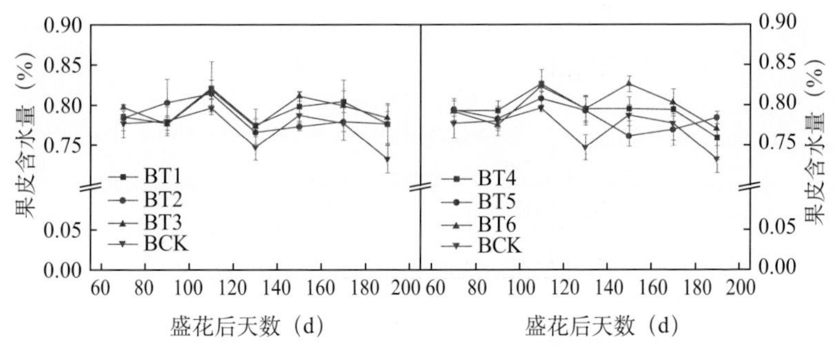

图4-33　不同土壤水分处理对果皮含水量的影响

（三）果皮酶活性

避雨条件下，不同土壤水分处理对富士苹果果皮抗氧化酶活性的影响如图4-34所示。BT1处理的果皮SOD和POD活性与对照BCK差异不显著，而果皮CAT活性显著高于对照BCK，提高幅度为23.1%。BT5处理的果皮CAT活性与对照BCK差异不显著，果皮SOD和POD活性显著高于对照BCK，提高幅度分别为116.1%和80.0%。BT2、BT3、BT4和BT6处理的果皮抗氧化酶活性与对照BCK均无显著差异。

（四）果实外观品质

1.成熟前果实裂纹发生趋势　避雨条件下不同土壤水分处理

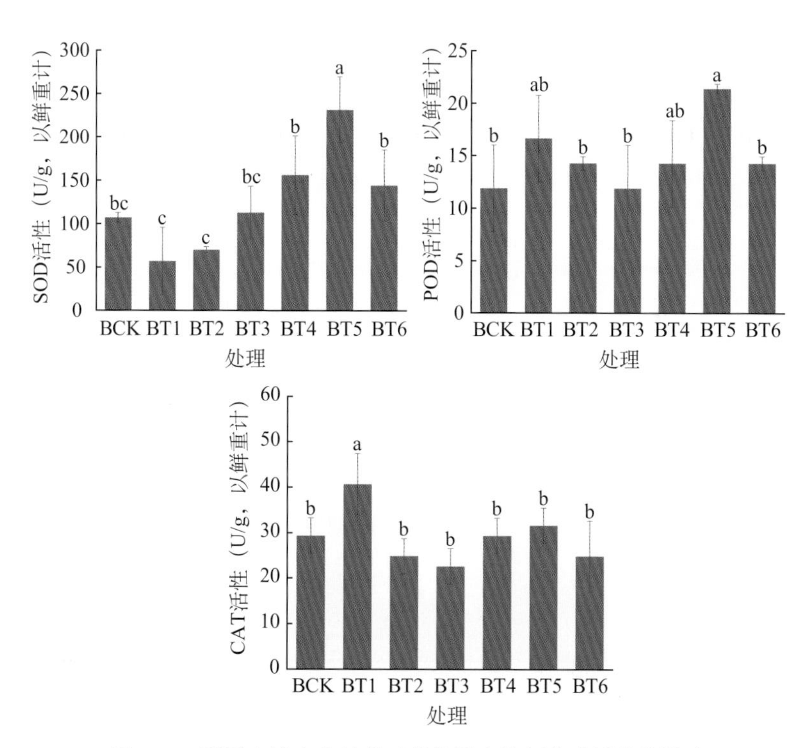

图4-34　不同土壤水分处理对苹果果皮抗氧化酶活性的影响

对富士苹果成熟前裂纹发生趋势的影响如图4-35所示。对照BCK在盛花后157d时，果实表面已经产生明显的细微裂纹，且随着果实成熟，果实裂纹逐渐增加。在盛花后164d BT6处理的果实表面开始产生裂纹，盛花后171d BT3处理的果实也开始看到裂纹出现。BT1、BT2、BT4和BT5处理的果实直到盛花后178d才发现有较少的裂纹发生，且并不是很明显。采摘时，对照BCK、BT3和BT6处理的果实表面裂纹分布相对较多，其他处理的果实表面未见明显裂纹。

BT1、BT4和BT5的果实表面着色最早，盛花后157d已经可以观察到有果红产生。盛花后171d时，各个处理的果实均开始着

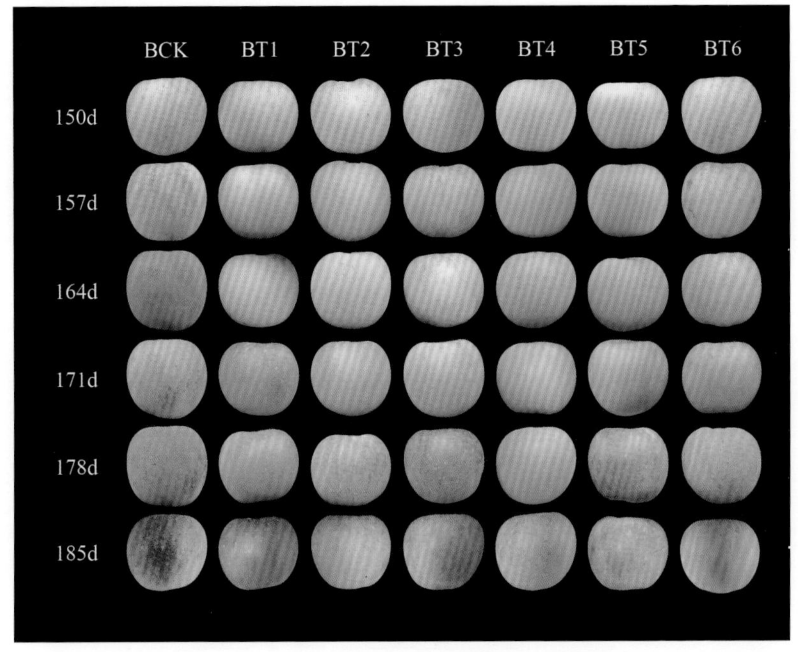

图4-35　富士苹果成熟前果实裂纹发生情况

色，果实采摘时，对照BCK的果实着色最深，但其着色很不均匀且果面光洁度较差，其他水分处理的果实着色略浅，但BT1和BT5着色相对均匀，无明显色差，且果面光洁度较好。

2.成熟期果实裂纹率　不同土壤水分处理对富士苹果各部位裂纹率的影响结果如表4-22所示。BCK的果实总裂纹率最高，为45％，显著高于其他土壤水分处理。BT1、BT2、BT3和BT4、BT5、BT6处理随着土壤水分含量的增加，果实的裂纹率也随之上升。比较果实的梗洼、中部和萼洼发现，果实中部的裂纹率远低于梗洼和萼洼，梗洼处的裂纹率略低于萼洼处。BCK果实中部的裂纹率显著高于其他处理，说明果实裂纹率的差异主要是由果实中部决定的。

表4-22　不同土壤水分处理对苹果不同部位裂纹率的影响

处理	裂纹率（%）			
	果实	梗洼	中部	萼洼
BT1	15±3.00e	63±6.81b	12±3.51cd	73±2.89b
BT2	24±4.04cd	78±2.89a	19±3.06bc	53±2.89d
BT3	33±6.11b	65±8.66b	25±4.58b	67±7.64bc
BT4	14±3.21e	63±6.81b	11±3.21d	84±6.03a
BT5	18±2.52de	70±5.00ab	16±3.61cd	62±2.52cd
BT6	29±3.06bc	60±5.00b	24±2.08b	63±7.64c
BCK	45±7.00a	69±3.61ab	36±7.64a	71±4.04bc

3.成熟期果实裂纹指数、着色指数及果面光洁指数　在果实成熟采摘时测定了果实的裂纹指数、着色指数和果面光洁指数，结果如表4-23所示。与对照相比，BT1至BT6处理的果实裂纹指数分别降低了60.1%、39.9%、19.8%、60.1%、60.1%、39.9%，除BT3外其他处理均与对照存在显著差异；着色指数分别提高了16.5%、−8.6%、4.1%、21.0%、12.4%、16.9%，各处理与对照相比差异未达$p<0.05$的显著水平；果面光洁指数分别提高了75%、50%、33.5%、41.5%、66.5%、41.5%，除BT3外其他处理均与对照存在显著差异。其中，BT1和BT5处理的果实裂纹指数降低，果实着色指数与果面光洁指数提高。

表4-23　不同土壤水分处理对苹果裂纹指数、
着色指数及果面光洁指数的影响

处理	裂纹指数	着色指数	果面光洁指数
BT1	1.33±0.58c	3.11±0.60a	3.50±0.55a
BT2	2.00±0.00bc	2.44±0.53bc	3.00±0.63a

（续）

处理	裂纹指数	着色指数	果面光洁指数
BT3	2.67±0.58ab	2.56±0.88abc	2.67±0.52ab
BT4	1.33±0.58c	2.11±0.60c	2.83±0.75a
BT5	1.33±0.58c	3.00±0.71ab	3.33±0.82a
BT6	2.00±1.00bc	2.22±0.67c	2.83±0.75a
BCK	3.33±0.58a	2.67±0.50abc	2.00±0.63b

4.成熟期果实色泽　不同土壤水分处理对富士苹果的色泽影响如表4-24所示。结果表明，BCK处理的果实L^*值最小，果实亮度最低，其他土壤水分处理均显著高于对照，果实亮度相对较高。BT3和BT6处理的果实a^*值相比对照BCK显著降低，果实的红色度较浅，BT5处理的果实a^*值最高，但与对照无显著差异。BCK的果实b^*值最高，为21.33，其他水分处理的果实b^*值降低，果实黄色度较低。

表4-24　不同土壤水分处理对苹果色泽的影响

处理	L^*值	a^*值	b^*值
BT1	60.62±3.87b	12.79±1.62ab	20.04±0.79ab
BT2	60.35±2.55b	12.84±0.89ab	21.26±1.46a
BT3	63.86±2.14a	10.53±1.18c	19.12±1.63bc
BT4	61.58±5.24ab	13.01±1.23ab	19.41±1.28b
BT5	62.45±3.72ab	13.66±1.28a	19.24±0.88b
BT6	61.23±1.92ab	12.12±0.87b	17.87±0.95c
BCK	57.05±1.91c	13.44±1.20a	21.33±1.64a

（五）果皮显微结构

1.正置荧光显微镜（石蜡切片）观察　土壤水分处理影响

了富士苹果裂纹的发生，因此观察了果皮的纵切面微观结构（图4-36）。结果表明，BCK的角质层木质化细胞较少，角质层很薄且有大量的缺失，这造成了果皮的损伤，直观地表现为果皮表面的开裂。BT2和BT3处理的角质层微微凸起，但角质层并没有发生直接断裂，在凸起的下方可以看到有细胞聚集的情况。BT6处理的角质层下细胞聚集更加明显，红色的木质化细胞发生变形，聚集的细胞产生膨压将要突破角质层的束缚。BT1和BT5处理的果皮细胞结构完好，角质层没有产生裂缝，皮下的细胞排列比较规律完整。稳定的水分处理的果皮与果园不规律灌溉的果皮相比，果皮结构相对完好，损伤较低，不同的土壤水分管理对果皮结构的影响存在差别。

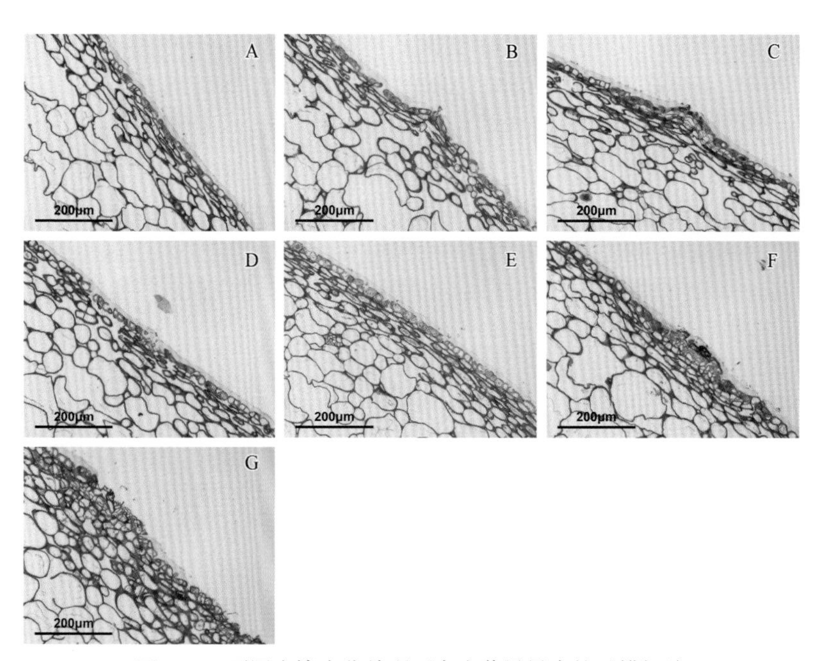

图4-36　不同土壤水分处理下富士苹果果皮的石蜡切片

A.BT1　B.BT2　C.BT3　D.BT4　E.BT5　F.BT6　G.BCK

2.扫描电子显微镜（SEM）观察　研究发现，随着土壤水分含量的增加，果实表面的裂纹数和裂纹大小逐渐增加（图4-37）。BT4和BT5在30×低倍下，果皮表面有许多线状的小凸起，而BT6和BCK则可以明显看到有贯穿果皮的狭长的大裂纹，尤其是BCK的裂纹狭长且宽大。在180×中倍下，发现低倍下观察到的线状凸起，宛如衣服上针线缝补的细长补丁，这说明果皮在发生开裂的过程中，总是先经历半开裂的“补丁状”裂纹，然后彻底

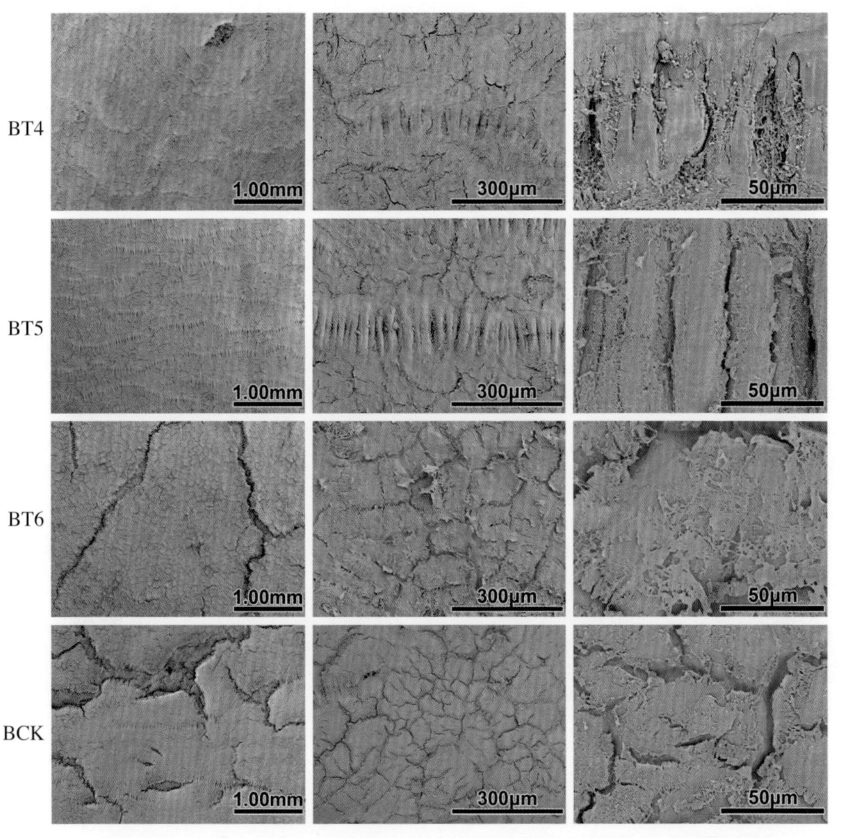

图4-37　不同土壤水分处理下富士苹果果皮的扫描电子显微镜成像

挣裂“补丁”形成明显的裂纹。通过观察BT6和BCK大裂纹以外的部位，还发现果皮表层的蜡板是一块块拼凑而成的，开裂越严重的果皮蜡板分离也越明显。在900×高倍下，发现“补丁”连接了将要开裂的果皮蜡板，连接的蜡板类似针线一样在弥补开裂，其宽度约为25μm。

五、土壤水分处理对不同栽培模式富士苹果品质影响的比较分析

1.露天和避雨栽培模式的比较分析

露天和避雨这两种处理方法的区别主要有以下三点：

（1）通风透气性。露天的苹果栽培通风透气性好，土壤水分蒸发较快，当土壤水分较高时通过简单晾晒即可降低含水量。避雨棚内的通风透气性相对较差，土壤水分容易滞留，控水时需注意不要超过设置的土壤含水量范围。

（2）光照和温度。在露天栽培下苹果可以接收更充足的光照，苹果叶片光合作用更强，树势旺，营养物质积累更快，果实成熟着色早。露天栽培的温度变化接受天气影响，波动较大，早晚的温差相对较高。避雨栽培的苹果接受光照相对较弱，光照强度低于露天栽培约20%（戴强等，2012），果实营养物质积累较慢，着色晚。避雨棚的温度保持相对稳定，早晚温差较小。

（3）受天气（雨水）影响。苹果露天栽培受天气影响极大，尤其是9～10月的暴雨天气，土壤水分处理难以管控，土壤水分含量骤增，且连绵的雨水天气导致土壤含水量在一段时间内高居不下，给试验造成了严重的影响。避雨棚内的苹果种植则受雨水天气影响相对较小，各处理的土壤水分含量控制相对精准。

2.露天和避雨栽培模式下果实品质比较分析

（1）果实可溶性固形物。露天和避雨由于栽培模式不同，导

致土壤水分处理对果实内在品质的影响效果也有所不同。最明显的差别在于避雨栽培的果实可溶性固形物和可溶性糖含量显著低于露天栽培，露天栽培的果实可溶性固形物含量为12%～15%，避雨栽培的果实可溶性固形物含量为11%～12.5%，平均降低约1.75%。

（2）果实裂纹发生情况比较分析。在露天条件下，由于后期暴雨天气的影响，果实的裂纹发生随着处理含水量的升高，呈现出先下降后升高的趋势，即在土壤含水量较低时（相对含水量55%～65%）果实裂纹指数很高，土壤含水量中等时（相对含水量65%～75%）果实裂纹指数最低，土壤含水量较高时（相对含水量75%～85%）果实裂纹指数又有所上升。

（3）果皮角质层厚度对比。露天和避雨条件下健康的苹果果实和裂果果实的果皮角质层厚度如图4-38所示。结果表明，露天

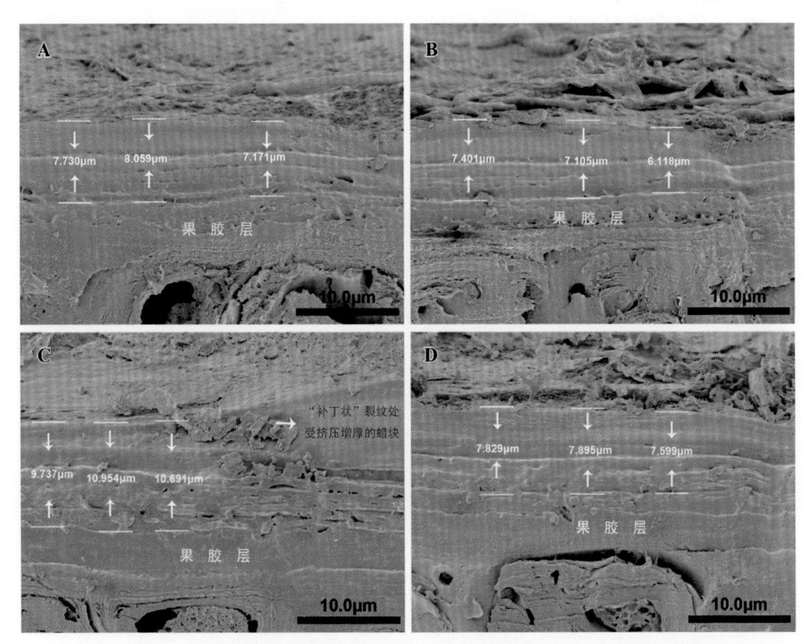

图4-38　露天和避雨条件下健康果实和裂果果实的角质层厚度

A.露天健康果实　B.露天裂果果实　C.避雨健康果实　D.避雨裂果果实

条件下，健康果实的角质层平均厚度为7.653μm，裂果果实的角质层平均厚度为6.875μm，健康果实的角质层厚度显著高于裂果果实。避雨条件下，健康果实的角质层平均厚度为10.461μm，裂果果实的角质层平均厚度为7.774μm，健康果实的角质层厚度也显著高于裂果果实。由此看来，富士苹果角质层厚度与裂纹的发生呈显著负相关。

果实的裂纹发生是一个动态变化过程，即使健康的果实也处于这个变化过程中，只是没有达到完全开裂的程度。如图4-38C，可以看到图右侧“补丁状”裂纹处蜡块厚度大大增加，图4-39是其表面结构图。发现“补丁状”的小蜡块有很多，它们原本也应该是平滑且连接在一起的。但是由于果肉和果皮生长的不平衡，蜡质层的蜡板之间产生巨大的拉力使连接部位开始挣裂，从而形成了排列整齐的一组“补丁状”小蜡块。这些蜡块由于边缘被撕裂，发生内卷，蜡层向内挤压，导致了蜡块厚度的增加，这也加强了小蜡块的拉力，使蜡板没有轻易分离，形成大裂纹。在健康的果实果皮中，正是许多这样一组组小蜡块的拉力，才让果皮没有产生明显的裂纹。

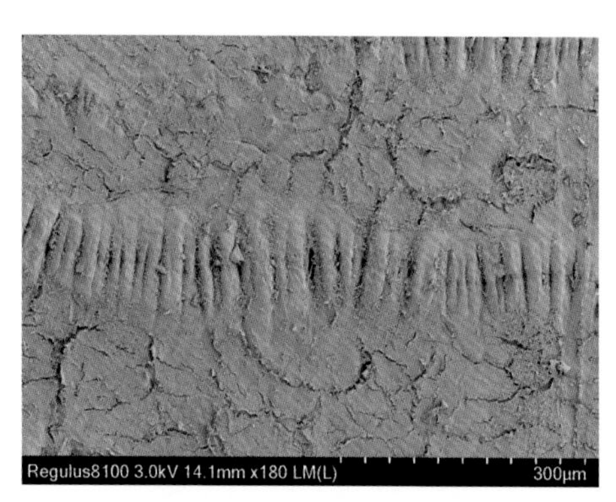

图4-39 “补丁状”微裂纹

（4）果实水势比较。结果表明，健康果实的水势（−1.22MPa）明显高于裂果果实的水势（−1.44MPa）；比较健康果实和裂果果实不同部位的水势，发现无论是健康果实还是裂果果实，果实中部的水势都显著高于果实萼洼和梗洼处的水势；并且健康果实在果实萼洼、中部和梗洼的水势均显著高于裂果果实相应的部位（图4-40、图4-41）。

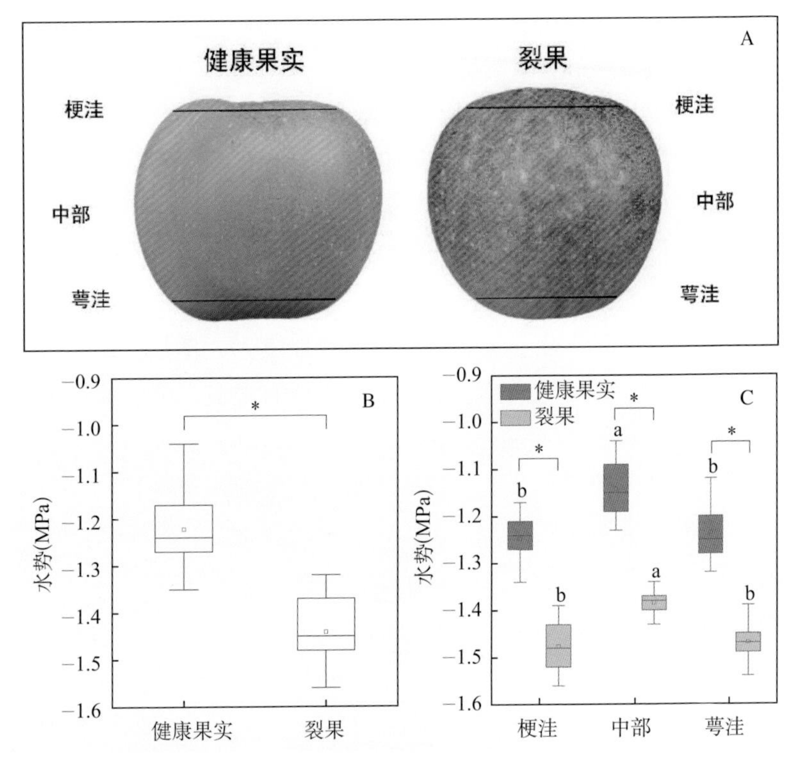

图4-40　露天条件下富士苹果健康果实与裂果的水势比较

A.果实部位示意　B.健康果实与裂果水势　C.健康果实与裂果各部位水势

因此，可以得出结论：果实的水势与果实的裂纹发生呈负相关，水势越低，果肉吸水能力越强，果实裂纹率越高。

3.富士苹果土壤水分管理最适宜的土壤含水量与土壤水势

（1）通过测定土壤含水量和土壤水势，并依据Logistic方程拟合试验土壤的土壤水分特征曲线，实现苹果生产中土壤含水量与土壤水势的换算。曲线方程为：

$\psi_s=-2.698+18.784\times\ln(1+\omega)/(1+\omega)$，$R^2=0.921$

式中，ψ_s为土壤水势；ω为土壤含水量。

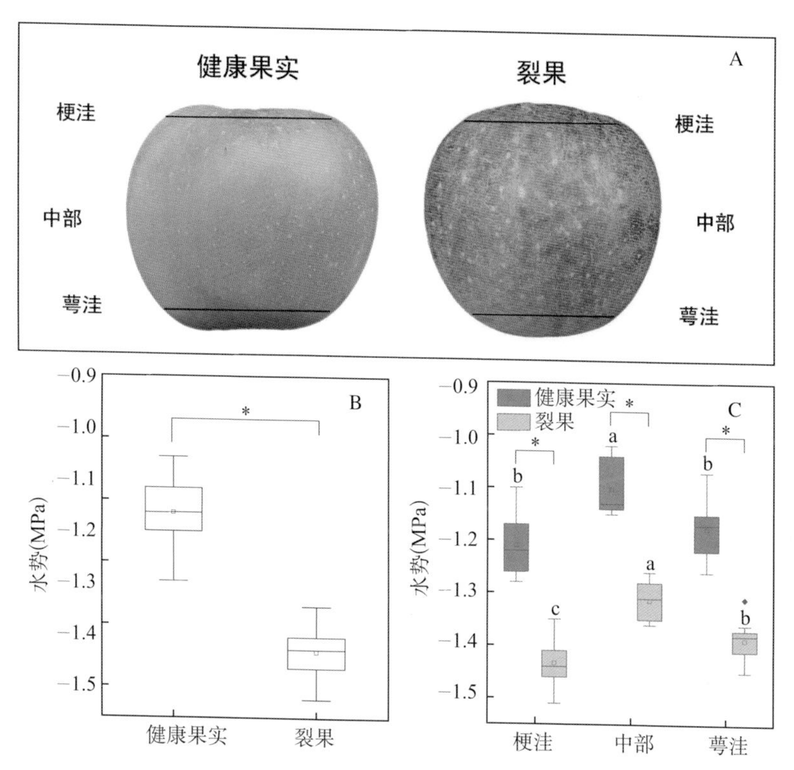

图4-41　避雨条件下富士苹果健康果实与裂果的水势比较

A.果实部位示意　B.健康果实与裂果水势　C.健康果实与裂果各部位水势

（2）露天栽培条件下，与对照LCK相比，LT3和LT5处理的单果重分别提高7.2%和6.5%；LT1和LT4处理的果实可溶性固形物含量分别增加7.2%、13.2%；LT2和LT5处理的果实裂纹指数均降低49.8%。LT2和LT5处理的果皮角质层结构完好，表皮蜡质层没有发生直接分离，对照与其他水分处理的表皮角质层及蜡质层结构破裂严重，裂纹贯穿表皮且向果胶层延伸。综合各品质因素，露天条件下LT2和LT5处理的果实兼具了较好的内在品质与外观品质。

（3）避雨栽培条件下，与对照BCK相比，BT1和BT4处理的实单果重分别降低5.0%、7.3%，BT3和BT5处理的果实单果重分别提高6.9%、4.0%；BT1至BT6处理的果实可溶性固形物含量分别提高9.7%、4.3%、3.5%、7.7%、7.2%、1.8%，裂纹指数分别降低60.1%、39.9%、19.8%、60.1%、60.1%、39.9%，果面光洁指数分别提高75%、50%、33.5%、41.5%、66.5%、41.5%。BT1、BT4和BT5处理的果皮微观结构保持良好，没有发生大的断裂和分离。综合看来，在避雨栽培下，BT1和BT5处理的富士苹果综合品质最优。

（4）露天栽培条件下LT2和LT5处理的富士苹果果实品质最好，其土壤含水量与土壤水势范围分别为：

LT2土壤相对含水量：65%～75%。

LT2土壤水势：−0.569MPa～−0.309MPa。

LT5土壤相对含水量：前期65%～75%，后期55%～65%。

LT5土壤水势：前期−0.569MPa～−0.309MPa，后期−0.845MPa～−0.569MPa。

（5）避雨栽培条件下BT1和BT5处理的富士苹果果实品质最好，其土壤含水量与土壤水势范围分别为：

BT1土壤相对含水量：55%～65%。

BT1土壤水势：−0.845MPa～−0.569MPa。

BT5土壤相对含水量：前期65%～75%，后期55%～65%。

BT5土壤水势：前期−0.569MPa～−0.309MPa，后期−0.845MPa～−0.569MPa。

第五章 苹果矮化自根砧水肥一体化技术体系

第一节 水肥一体化技术原理

水肥一体化又称“灌溉施肥”，是通过灌溉系统给作物施肥浇水，作物吸收水分的同时又吸收养分。其原理是施肥装置与灌水器的有机结合，实现智能控制。使肥料随同水均匀、定时、定量直接进入作物根系附近，定量供给作物水分、养分，并维持土壤水分和养分浓度。可实现对灌溉和施肥的定时、定量控制，节水节肥节电，同时减少劳动力，降低劳动成本，能够很好地保持土壤团粒结构，不容易使土壤板结。水肥一体化技术除了可以实现对灌水量、施肥量和施肥时间等控制外，还可以充分发挥水肥之间的相互作用，提高水分和养分的利用效率，降低肥料的消耗，减少对环境的污染；同时由于实现水、肥同步管理，可有效提高肥料利用率。但是前期投入比较大，设施成本高，技术研发滞后；技术人员匮乏，普及度不高。

第二节 水肥一体化技术的应用

一、果园水肥一体化技术的主要模式

1.喷灌施肥　喷灌施肥就是将一定量的可溶性肥料溶于水中形成水肥混合液，利用水泵等设备加压，将其送到需要灌溉的区

域，再利用喷头等专业设备将其喷射到空中形成水雾或小水滴，均匀喷洒在作物和土壤上以供给作物生长所需要水分和养分的灌溉施肥方式。李慧卿等研究表明，应用水肥一体化技术与普通灌溉方式相比，节肥率为25%，节水率高达50%，并能节省一半的劳动时间。水肥一体化技术对于地形要求不高，适用于山地果园等复杂地形，省时省力，成本较低。但容易受风力的影响，研究表明，当风速超过3.5m/s时会导致喷灌不均，水分蒸发，灌溉效果减弱。

2.微灌施肥　微灌施肥是根据作物生长的需求和特点，通过管道系统和灌溉设备将水肥混合液以较小的流量，均匀、持续地输送到作物根系附近土壤的一种灌溉施肥方式。与地面灌溉的最大区别是可根据果树每个生长发育时期对营养、水分的需求规律制定相应的微灌制度，使果树能更加准确、快速地吸收需要的水分和养分，促进果树健康生长。其优点是能更高效地节约用水，且灌水均匀、不受风力的影响、操作方便、节省劳动力。但是前期投入成本过高，而且灌水设备的出口很小、易被堵塞，故对水质以及管道过滤器要求很高，另外后期维护和修理也较烦琐。随着科技的进步，微灌技术渐渐发展出滴灌、微喷灌等多种灌溉方式。

二、水肥一体化技术在果园中的应用效果

1.提高水肥利用率　果园应用水肥一体化技术可以明显提高水肥利用率，促进果业的可持续发展。与传统的大水漫灌相比，水肥一体化技术将适量的水和可溶性肥料融合在一起，再通过灌溉设备精确、快速、适时地输送到果树根部附近土壤中，减少了水分的蒸发与养分的流失。水肥一体化技术可以高效地节约水肥资源，尤其是在地形复杂、气候干燥、水源匮乏的地区效果更加明显，可节水约50%，节肥25%左右。

2.改善果园土壤环境 采用水肥一体化技术可以减少肥料的施用量，防止土壤中肥料过量造成土壤盐渍化而影响土壤环境。水肥耦合可以防止土壤板结，且对土壤表层破坏较小，保湿效果好，有利于土壤微生物群落的多样性，促进微生物的生命活动，加速有机质的分解，从而更利于果树对水分和养分的高效吸收。

3.促进果树生长，提高产量和品质 应用水肥一体化技术可以促进果树根系对土壤中水分和养分的吸收，从而促进新梢生长，提早开花结果；更可以有效调节果树的营养生长与生殖生长，提高果实的产量和品质。

第三节 水肥一体化在苹果上的研究

目前我国的苹果种植技术正朝着机械化、标准化、集约化方向发展。水肥管理与产量品质有密切的关系。研究表明，在果树生产复合系统中，水分和养分之间相互促进、相互影响，对水肥综合管理，不但提高水肥的利用率，而且提高果品产量和品质（Bar-Yosef，1999）。水肥一体化相比传统施肥显著消除了硝态氮的表聚现象，不同土壤层次硝态氮分布更趋合理，更加有利于苹果根系的吸收利用（张大鹏等，2011）。另外，水肥一体化在改善苹果果实品质及提高果实养分吸收方面有积极作用，水肥一体化相比传统施肥果实商品率提高了9.3%，果实硬度增加了10.6%，糖酸比提高了7.3%，单果重、果形指数及叶片叶绿素含量也表现出增加的趋势（路永莉等，2013）。Meland等（2016）和Swarts等（2016）研究发现，水肥一体化能提高苹果的产量、果实品质和果实的含N量。据王秋萍等（2011）研究发现，水肥一体化处理苹果区比对照区每亩增产274.3kg，增幅15.2%，优质果每亩增产20%，每亩果园一年节水88.3m^3。水肥一体化施肥频率对苹果生长发育有重要影响。研究表明，随着灌溉施肥频率的增加，苹果果实可溶性固形物含量和单株产量增加。

一、不同水肥一体化条件对苹果生长发育的影响

（一）试验材料

试验在江苏丰县梁寨苹果示范园进行，供试品种为烟富10号，树龄为5年，砧木为M9T337矮化自根砧，株行距2m×4m，树形为细长纺锤形，长势相近，无病虫害，田间生草品种为黑麦草，果树生育周期内清耕除杂草。

梁寨苹果示范园位于江苏丰县梁寨镇渊子湖南，地处东经116°44′、北纬34°28′，当地海拔41m，属于温带季风气候，全年平均气温14～15℃，年平均降水量800～900mm。试验地土壤为沙壤土，其基础肥力水平如表5-1所示。

表5-1　试验地土壤基础肥力

土层深度（cm）	pH	全氮（g/kg）	碱解氮（mg/kg）	有效磷（mg/kg）	速效钾（mg/kg）	有机质（g/kg）	交换性钙（mg/kg）
0～20	8.38	0.53	56.27	40.22	125.43	9.56	2 358.31
20～40	8.42	0.49	53.88	25.34	58.36	7.28	2 491.25

土层深度（cm）	交换性镁（mg/kg）	有效铁（mg/kg）	有效锰（mg/kg）	有效铜（mg/kg）	有效锌（mg/kg）
0～20	141.75	12.24	2.56	16.98	6.59
20～40	64.25	12.96	2.66	15.53	5.75

（二）试验方法

试验从2016年开始在江苏丰县梁寨苹果示范园进行，并于2017年、2018年、2019年进行重复。

挑选长势相近且无明显病虫害的烟富10号苹果树为试验材料。试验用尿素、磷酸二氢钾、硝酸钾作为氮、磷、钾的养分来源，以7号百益德螯合盐用作补充微量元素的微肥，叶面喷施硝酸钙1 000倍液作为钙肥。参考张承林（2015）、林泉等（2014）的施肥管理办法，根据试验地所处华东地区的地理位置、苹果树5年树龄和旺盛树势进行计算，每亩合理的氮、磷、钾施肥量分别为13.0kg、7.0kg和13.5kg。根据示范园土壤较低的肥力与1 500kg/亩的产量预期，每亩氮、磷、钾的合理施肥量分别为15.0 ~ 20.0kg、7.0 ~ 9.0kg和12.0 ~ 20.0kg，最终确定每亩施肥总量（每亩氮、磷、钾肥分别为15.625kg、7.805kg和15.625kg），即标准施肥量。传统施肥的施肥总量与标准施肥量相同，并按丰县当地习惯分3次（3、6、9月各一次）进行穴施；水肥一体化体系则设置4个不同施肥量的处理，按照标准施肥量的100%、80%、70%和50%设置施肥总量，按苹果树生长周期进行施肥，详见表5-2。按施肥频率不同分为生育期施肥（共8次）、每20d施肥一次（共12次）和每15d施肥一次（共16次）。肥料种类设置国产品牌水溶肥（亮果、百益德、富地美施）和进口品牌水溶肥（沃叶）处理（2016年、2017年为百益德，2018年、2019年换为亮果）。试验处理详情见表5-3。

表5-2　水肥一体化不同施肥量比较试验

施肥量	萌芽前1周（kg/亩）	花前1周（kg/亩）	花后2 ~ 4周（kg/亩）	花后6 ~ 8周（kg/亩）	果实膨大期（kg/亩）	采收前1周（kg/亩）	采收后1周（kg/亩）	封冻前1周（kg/亩）	总计（kg/亩）
100% N	0	1.56	4.69	3.125	3.125	0	3.125	0	15.625
100% P_2O_5	2.34	0.78	0.78	0.78	0	0	3.125	0	7.805
100% K_2O	0	1.56	1.56	3.125	4.69	1.56	3.125	0	15.625
80% N	0	1.25	3.75	2.5	2.5	0	2.5	0	12.5

（续）

施肥量	萌芽前1周（kg/亩）	花前1周（kg/亩）	花后2～4周（kg/亩）	花后6～8周（kg/亩）	果实膨大期（kg/亩）	采收前1周（kg/亩）	采收后1周（kg/亩）	封冻前1周（kg/亩）	总计（kg/亩）
80% P_2O_5	1.875	0.625	0.625	0.625	0	0	2.5	0	6.25
80% K_2O	0	1.25	1.25	2.5	3.75	1.25	2.5	0	12.5
70% N	0	1.09	3.28	2.19	2.19	0	2.19	0	10.94
70% P_2O_5	1.64	0.55	0.55	0.55	0	0	2.19	0	5.47
70% K_2O	0	1.09	1.09	2.19	3.28	1.09	2.19	0	10.94
50% N	0	0.78	2.34	1.56	1.56	0	1.56	0	7.81
50% P_2O_5	1.17	0.39	0.39	0.39	0	0	1.56	0	3.91
50% K_2O	0	0.78	0.78	1.56	2.34	0.78	1.56	0	7.81

表5-3　试验处理

处理	
T1	传统施肥NPK-100%，施肥时间为3、6、9月，总计3次
T2	水肥一体化NPK-100%，按生育期施肥，总计8次
T3	水肥一体化NPK-80%，按生育期施肥，总计8次
T4	水肥一体化NPK-70%，按生育期施肥，总计8次
T5	水肥一体化NPK-50%，按生育期施肥，总计8次
T6	水肥一体化NPK-100%，施肥频率20d一次，总计12次
T7	水肥一体化NPK-100%，施肥频率15d一次，总计16次
T8	水肥一体化施用沃叶水溶肥，养分含量与NPK-100%一致，按生育期施肥，总计8次
T9	水肥一体化施用百益德水溶肥，养分含量与NPK-100%一致，按生育期施肥，总计8次
T10	水肥一体化施用富地美施水溶肥，养分含量与NPK-100%一致，按生育期施肥，总计8次
T11	施用亮果水溶肥，以标准施肥量为准，按生育期施肥，总计8次

（三）测定方法

1.果树长势　果树指标测定时间为每年的3月与11月，在试验区块每个处理的每个重复中各随机选取10株苹果树，量其株高、干周长、新梢增长量。株高与干周长的测量皆按标准方法进行。

株高增长量=当年11月株高－当年3月株高

干周长增长量=当年11月干周长－当年3月干周长

10月下旬，果实成熟后在试验区块每个处理的每个重复中各随机选取10株苹果树，在树冠中段按东、南、西、北4个方向随机标记并用标准卷尺测定至少30个当年生新梢的长度，次年10月下旬，重复测定新梢增长量。

2.花芽分化　3月初，在试验区块每个处理的每个重复中各随机选取8株苹果树，在树冠中段按东、南、西、北4个方向随机标记并调查至少20个枝条，记录每个枝条的总芽数和花芽数。

3.叶绿素含量、叶面积指数　7月底，在试验区块每个处理的每个重复中随机选取10株果树，用SPAD-502叶绿素测定仪测定树冠外围同等高度下成熟叶片的叶绿素含量，用AccuPARLP-80植物冠层分析仪测量试验果树叶面积指数。

4.叶片矿质元素　叶片样本采集时间为每年5～10月的每月中旬，在试验区块每个处理的每个重复中采集叶片，果树随机选择，叶片选取树冠外围同等高度下东、西、南、北4个方向梢中部的健康大叶片，每株采集10片左右，每个混合样品不少于100片，采集获得的叶片清洗干净后在105℃条件下烘烤20min左右，使叶内所含酶失活，然后在80℃左右条件下烘干，用信封密封保存。叶片矿质元素的测定采用鲍士旦《土壤农化分析》中推荐的方法，叶片全氮含量采用凯氏定氮消煮法处理，用流动注射分析仪测定；叶片全钾含量采用H_2SO_4-H_2O_2消煮，火焰光度计法测定；叶片全磷含量采用H_2SO_4-H_2O_2消煮，钼蓝比色法测定；叶片含钙、镁量

用 HNO_3-$HClO_4$ 消解后，通过ICP仪测定。

5.果实品质　在试验区块每个处理的每个重复中各随机选取20个果实作为样本果，要求果实成熟度相近，生长高度一致，大小相近。单果重采用1/100高精度电子天平测量；纵、横径采用50分游标卡尺测量，果形指数为纵径/横径；可溶性固形物含量用手持糖度计测定；可溶性总糖含量用蒽酮法测定；果实硬度去皮后用硬度计测定；可滴定酸含量采用标准NaOH溶液滴定法测定；果实维生素C含量用2,6-二氯酚靛酚法测定；果实的矿质元素含量测定方法同叶片。

6.土壤养分含量　在试验区块每个处理的每个重复都平均设置5个采样点，分上（0～20cm）、下（20～40cm）两层进行土样采集，5个采样点的样品按层次混合并风干，过筛后以备后续测试。有机质含量采用 H_2SO_4-$K_2Cr_2O_7$ 水合热法测定；全氮含量采用凯氏定氮消煮法处理，用流动注射分析仪测定；有效磷含量采用碳酸氢钠浸提法测定；速效钾含量采用乙酸铵浸提，火焰光度法测定。

（四）结果与分析

1.水肥一体化处理对果树长势的影响　由表5-4、表5-5、表5-6可知，2016—2018年苹果树生长迅速，2019年长势缓慢，总体来看，传统施肥长势都远远低于水肥一体化模式，树体长势与施肥量呈正相关，施肥量与频率的最好组合是T2处理，即100%施肥量按生育期施8次肥，肥料可以选择效果较好的沃叶肥料。

表5-4　2016—2019年株高增长量

处理	2016年（cm）	2017年（cm）	2018年（cm）	2019年（cm）
T1	43.8±14.14c	41.6±19.23c	31.28±16.69c	5.83±3.37a
T2	52.8±11.43ab	62.1±10.37ab	44.6±8.34ab	4.33±5.71b
T3	60.33±9.83a	70.11±7.39a	35.1±10.9ab	21.89±10.61a

（续）

处理	2016年（cm）	2017年（cm）	2018年（cm）	2019年（cm）
T4	51.47±9.89b	59.74±6.79b	60.56±20.82ab	8.6±11.1a
T5	47.5±19.29bc	52.5±11.22bc	46.15±17.59b	5.2±8.46a
T6	53.47±24.51b	63.28±17.12ab	46.61±15.26bc	4.8±6.17a
T7	63±29.89a	67.03±13.45a	53.18±18.1b	9.6±13.5a
T8	58.2±13.06b	58.19±23.14b	40.42±21.67a	15±16.53a
T9	63.4±13.2a	66.7±21.97a		
T10	51.71±21.42c	50.16±12.12c	38.02±16.77c	7.4±8.84a
T11			36.47±8.61a	11.6±6.54a

表5-5　2016—2019年干周长增长量

	2016年（cm）	2017年（cm）	2018年（cm）	2019年（cm）
T1	4.71±1.04c	6.01±1.57c	6.52±1.84c	1.44±0.83a
T2	5.94±1.05a	8.94± 1.15a	8.35±0.92a	1.93±0.83a
T3	5.31±1.35ab	7.71±1.05ab	8.75±1.21a	0.97±0.82a
T4	5.12±2.17b	6.97±1.32b	10.08±1.89a	1.52±1.30b
T5	5.07±1.07bc	6.57±2.10bc	7.43±1.60b	1.00±1.12b
T6	6.12±0.94ab	9.02± 0.64a	7.21±1.68bc	0.46±1.56a
T7	6.21±1.47a	9.24± 1.37a	8.25±1.65b	1.69±1.09b
T8	5.31±1.11b	7.33±1.07b	9.96±1.97a	1.64±5.515b
T9	5.53±0.73ab	7.83±0.91ab		
T10	5.21±1.68b	7.07±1.28b	8.68±1.52b	1.80±1.38b
T11			7.98±0.95ab	1.82±1.15a

表5-6　2016—2019年新梢增长量

	2016年（cm）	2017年（cm）	2018年（cm）
T1	19.44±4.25b	15.15±4.21c	18.16±6.44c

（续）

	2016年（cm）	2017年（cm）	2018年（cm）
T2	22.08±5.26ab	22.15±4.24a	21.86±5.41b
T3	23.11±3.46a	19.68± 4.03b	23.22±5.72a
T4	23.01±4.24a	18.63± 4.24b	21.32±5.6ab
T5	22.56±5.3ab	16.25±5.3c	22.41±5.32b
T6	22.19±5.09a	22.18±5.09abc	20.38±6.25b
T7	22.46±4.47a	24.25±4.47a	21.15±4.36b
T8	22.04±4.73b	22.03±4.03abc	22.42±5.67a
T9	24.41±5.84a	22.28±5.44abc	
T10	23.68±3.44a	19.43±3.77c	20.69±3.25b
T11			22.46±4.43a

2.花芽分化量分析　不同施肥处理对苹果花芽分化的影响，仅在2017年做了追踪试验。由表5-7可知，相同施肥量下不论是2016年还是2017年传统施肥花芽数及分化量都远远低于水肥一体化模式，差异显著。

表5-7　不同施肥处理对苹果花芽分化的影响

	花芽数（个）		总芽数（个）		分化率（%）	
	2017年	2016年	2017年	2016年	2017年	2016年
T1	17.1±7.14c	18.9±5.28ab	36.6±10.33c	38.3±8.69a	46.71±6.28c	49.35±5.88ab
T2	25.6±3.55ab	21.2±4.47a	49.1±9.43a	40.8±12.83a	52.14±4.35a	51.96±6.12a
T3	25.4±5.77ab	21.1±2.92a	49.1±8.39a	41.2±7.62a	51.73±3.56ab	51.21±4.76a
T4	23.1±6.33b	20.1±4.35a	45.0±9.65b	39.5±7.59a	51.66±2.55ab	50.89±5.19a
T5	18.3±3.76b	16.3±3.97b	37.1±8.26c	35.4±9.65a	49.26±6.34b	46.05±4.34b
T6	26.7±1.47a	22.7±6.98a	50.2±0.23a	41.1±14.29a	53.21±2.41a	55.23±7.68a

（续）

	花芽数（个）		总芽数（个）		分化率（%）	
	2017年	2016年	2017年	2016年	2017年	2016年
T7	28.4±1.63a	23.9±7.28a	53.22±0.33a	44.2±9.86a	53.36±3.22a	54.44±9.83a
T8	23.5±2.14b	21.1±5.74a	47.1±5.07ab	39.8±12.56a	49.89±2.95b	51.48±6.08a
T9	22.7±1.91b	22.9±5.22a	45.0±0.91b	44.2±9.86a	50.39±3.07b	51.85±3.65a
T10	23.1±2.12b	20.5±5.99a	44.2±1.28b	39.8±12.56	52.25±4.66a	51.89±2.35a

3.叶绿素含量及叶面积指数分析　由表5-8、表5-9可知，相同施肥量下传统施肥叶绿素含量及叶面积指数都远远低于水肥一体化模式，并且差异显著。综合效果较好的为T2，肥料可以选择效果较好的富地美施肥料。

表5-8　不同施肥处理对苹果叶绿素含量的影响

	2016年（SPAD值）	2017年（SPAD值）	2018年（SPAD值）	2019年（SPAD值）
T1	57.5±2.0a	45.3±1.6c	48.67±1.6a	49.77±1.1c
T2	57.4±3.2a	50.63± 3.4abc	52.54±2.0a	48.12±1.1c
T3	58.0±2.0a	47.32±2.7bc	48.36±1.6a	50±0.7c
T4	57.7±2.3a	48.86± 2.3abc	51.71±1.9a	53.9±0.7ab
T5	58.0±4.6a	47.78±3.7bc	50.48±1.8a	49.2±0.9c
T6	58.2±1.7a	51.38±2.7ab	48.57±2.0a	51.25±1.4abc
T7	57.4±1.7a	52.09±1.7a	50.25±1.3a	51.7±1.3abc
T8	58.4±1.5a	50.9±3.2ab	47.62±1.1a	48.5±0.6c
T9	58.5±1.0a	47.75±1.1bc		
T10	58.2±2.2a	49.633± 2.2abc	50.69±1.5a	54.7±2.1a
T11			50.87±1.8a	50.91±0.7bc

表5-9 不同施肥处理对苹果叶面积指数的影响

	2016年	2017年	2018年
T1	1.36±0.23b	1.61± 0.17c	2.95±1.01bcd
T2	1.53±0.23ab	1.93±0.28ab	3.95±0.99a
T3	1.73±0.36a	1.83±0.43b	3.81±0.63a
T4	1.48±0.25ab	1.71±0.21b	2.98±1.10bc
T5	1.57±0.24ab	1.77±0.13b	2.47±0.54cd
T6	1.56±0.37b	1.89±0.23ab	3.61±0.92a
T7	1.73±0.35a	2.19±0.33a	2.21±0.26cd
T8	1.64±0.24a	1.87±0.17a	2.11±0.13d
T9	1.8±0.34a	2.01±0.21a	
T10	1.77±0.21a	2.05±0.17a	2.15±0.60cd
T11			2.11±0.80d

（五）讨论

株高、干周长、新梢生长量和叶面积指数、叶绿素含量等是苹果树生长的重要指标，是判断果树生长势强弱的重要依据。本研究表明，水肥一体化处理相比传统施肥处理在苹果树生长发育方面有积极影响。水肥一体化处理之间肥料用量越大苹果树生长发育越好。此外，70%施肥量处理在树体生长发育的各方面数据已经大于传统施肥方式，可见水肥一体化相比传统施肥已经可以节省至少30%的肥料用量。本试验表明果树生长势经水肥一体化处理后最好，在一定范围内同等施肥频率下施肥量越大果树生长势越好，同一施肥量下施肥频率越高果树生长势越好，施肥量与施肥频率一定的情况下自配肥各方面均有优势。

二、不同水肥一体化条件对苹果果实品质的影响

由于2016—2019年试验数据相差较小，且变化规律相似，此处取4年平均值进行研究。

传统施肥的果实品质低于T5（50%水肥一体化处理）模式，水肥一体化可以通过提升单果重的方式提升产量，且对果实硬度产生影响，对苹果果形指数有一定影响。果实外在品质与施肥频率之间无明显规律，T5处理已完全达到传统施肥量给苹果外在品质所带来的影响（表5-10）。

表5-10　水肥一体化处理对果实外在品质的影响（2016—2019年平均）

处理	单果重（g）	果实硬度（N/cm^2）	纵径（cm）	横径（cm）	果形指数
T1	281.90±59.33d	11.76±0.05a	72.25±3.48ab	93.36±6.58a	0.78±0.02b
T2	319.31±54.73ab	9.52±0.17b	72.95±4.15ab	89.79±2.65ab	0.82±0.02a
T3	309.34±48.2b	10.48±0.13ab	74.36±7.2a	90.93±4.78a	0.82±0.02a
T4	309.00±77.23b	8.64±0.12b	72.48±6.77ab	80.80±6.78ab	0.80±0.02ab
T5	291.23±43.79c	9.68±0.23ab	73.7±6.72a	92.13±5.44a	0.80±0.01ab
T6	321.07±33.97ab	9.58±0.19ab	73.7±3.24a	87.38±5.47ab	0.84±0.02a
T7	339.51±56.31a	10.36±0.16ab	71.53±6.75ab	88.25±6.17ab	0.81±0.02ab
T8	297.03±46.12ab	11.68±0.25a	73.93±7.23a	90.01±8.22ab	0.82±0.01a
T9	301.93±65.42ab	11.68±0.25a	72.85±6.97ab	90.49±5.14ab	0.81±0.02ab
T10	247.0±41.72b	10.74±0.16ab	66.35±5.27b	84.4±5.27b	0.79±0.01b

传统施肥处理下果实内在品质基本都低于水肥一体化处理，在一定范围内，可溶性固形物和维生素C随着施肥量的增大而增多，不同肥料处理效果基本相似，无明显差异。水肥一体化相比传统施肥在果实品质方面有巨大优势，传统施肥的各项指标基本

与50%施肥量相接近。在一定范围内苹果的果实品质随着施肥量与施肥频率增加而提升，自配肥与百益德品牌肥的果实品质比富地美施与沃叶好（表5-11）。

表5-11 不同水肥一体化处理对果实内在品质的影响（2016—2019年平均）

处理	可溶性固形物含量（%）	维生素C含量	可溶性糖含量（%）	可滴定酸含量（%）	糖酸比
T1	12.58±0.74b	1.69±0.01d	7.58±1.41b	0.16±0c	47.38± 1.67c
T2	14.2±0.54a	3.55±0.17a	11.00±1.31a	0.21±0a	52.38± 1.34a
T3	14.46±1.27a	2.21±0.03b	9.17±2.42ab	0.18± 0.01a	50.94±1.99b
T4	14.6±0.36a	2.47±0.41b	9.20±2.1ab	0.18± 0b	51.11± 2.37b
T5	12.6±1.11b	1.91±0.18c	9.16±3.31ab	0.18± 0b	50.89± 0.45bc
T6	14.7±0.71a	2.37±0.01b	9.44±2.53ab	0.18±0.01b	52.43±1.97b
T7	14.04±0.69a	3.41±0.22a	10.42±1.76ab	0.19±0a	54.82±0.79b
T8	14.08±1.25a	2.54±0.12ab	9.16±1.73ab	0.18± 0b	50.89±2.06b
T9	14.22±0.74a	3.31±0.08a	9.60±2.73ab	0.18±0.01b	53.33± 3.15a
T10	14.0±1.23a	3.17±0.31a	9.214±3.27ab	0.19± 0.01a	48.47± 1.93c

水肥一体化的施肥量变化对苹果光合速率、气孔导度、蒸腾速率等光合特性有一定影响（王进鑫等，2004；孙霞等，2010），从而影响果实硬度、果形指数、果实酸度等果实品质（孙霞等，2011）。陆永莉等（2013）研究表明，水肥一体化技术能通过促进果实水分吸收而显著增加果实中的养分含量。本研究结果表明，水肥一体化相比传统施肥处理，可以促进苹果生长和养分吸收，提升果实品质。各方面指标试验证明，水肥一体化相比于传统施肥在果实品质方面有巨大优势，传统施肥的各项指标基本与50%施肥量相接近。在一定范围内苹果的果实品质随着施肥量与施肥频率增加而提升，自配肥与百益德品牌肥的果实品质比富地美施与沃叶好。

第六章 矮化自根砧苹果整形修剪技术

第一节 矮化苹果树整形修剪的基本原则

整形修剪是木本园艺作物调整群体和个体各部分结构，促进树体平衡，改善光能利用条件，调节器官的形成数量、质量、方向，协调生长和结果、衰老和复壮的矛盾，延长树体寿命，提高结果树经济寿命的重要方法，还可以减轻病虫害，增强抗灾能力，降低生产成本。

整形修剪的基本原则有：

1.因树修剪，随枝做形　在结果树整形时，既要有树形的要求，又要根据不同单株的情况灵活掌握，随枝就势，因势利导，诱导成形；做到有形不死，活而不乱。对于某一树形的要求，着重掌握树体高度、树冠大小、总的骨干枝数量、分布与从属关系、枝类的比例等。不同单株的修剪不必强求一致，避免死搬硬套、机械作形，修剪过重势必抑制生长、延迟结果。

2.统筹兼顾，长短结合　结果与生长要兼顾，对整形要从长计议，不要急于求成，既有长计划，又要短期安排。幼树既要整好树形，又要有利于早结果，做到生长结果两不误。如果只强调整形，忽视早结果，不利于经济效益的提高，也不利于缓和树势。如果片面强调早丰产、多结果，会造成树体结构不良、骨架不牢，不利于以后产量的提高。盛果期也要兼顾生长和结果，要在高产稳产的基础上，加强营养生长，延长盛果期，并注意改善果实的品质。

3.以轻为主，轻重结合　尽可能减轻修剪量，减少修剪对果树整体的抑制作用。尤其是幼树，适当轻剪、多留枝，有利于长树、扩大树冠、缓和树势，以达到早结果、早丰产的目的。修剪量过轻时，势必减少分枝和长枝数量，不利于整形；为了建造骨架，必须按整形要求对各级骨干枝进行修剪，以助其长势和控制结果，也只有这样才能培养牢固的骨架并培养出各类枝组。对辅养枝要轻剪长放，促使其多形成花芽并提早结果。应该指出，轻剪必须在一定的生长势基础上进行。1 ~ 2年生幼树，要在促其发生足够数量的强旺枝条的前提下，才能轻剪长放；只有这样的轻剪长放，才能发生大量枝条，达到增加枝量的目的。树势过弱、长枝数量很少时的轻剪长放，不但影响骨干枝的培养，而且枝条数量不会迅速增加，也影响早结果。

第二节　主要树形

一、高纺锤形

高纺锤形树形发源于欧洲，2004年引入我国，以M26为矮化砧木。中央干高0.9 ~ 1m，着生30 ~ 50个螺旋排列的小主枝，结果枝直接着生在小主枝上，树高3 ~ 3.5m，冠径1.5 ~ 2m，枝组错落生长，分布均匀，下长上短，透光良好，干枝比例为4 ∶ 1，枝组轴与中心干夹角110° ~ 120°，结果枝组整体下垂，长势缓和，中心干单枝带头，换头不落头，树体生长稳定。这种树形级次简单，修剪容易掌握，省工，树冠小，透光良好，养分积累高，易成花，果实质量高。适合水肥条件较好，株距1.5 ~ 2m的果园应用（图6-1）。

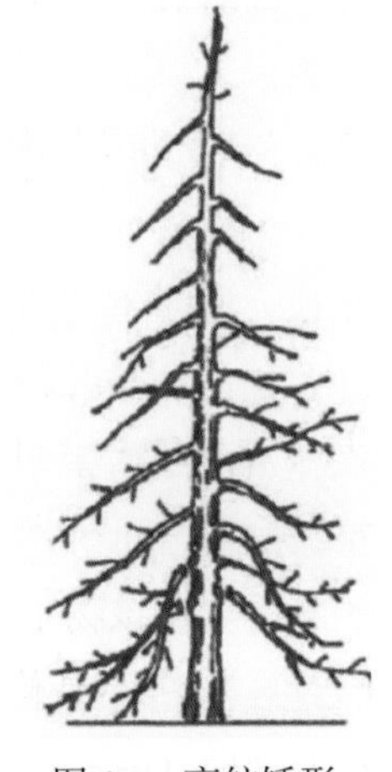

图6-1　高纺锤形

二、细长纺锤形

细长纺锤形是目前果树生产中推广应用的常用树形，它的最大优点是成形快，挂果早，易丰产，光照好，优果率高。细长纺锤形属于小冠树形，行距3～4m，株距2～3m。全树只有1个中心干，干高70～80cm，树高3.5m左右，冠径2～2.4m。中心干直立健壮，其上分布15～20个小主枝（或称侧生分枝）。侧生分枝与中心干粗度比为1∶4左右，枝组下垂至110°～130°，树冠上部小、中部大、下部略小，且上下、内外光照充足，整个树冠呈细长纺锤形（图6-2）。

图6-2 细长纺锤形

三、自由纺锤形

自由纺锤形树体紧凑，适合于密植。干高40～50cm，在中央领导干上，按一定距离（15～20cm）或成层分布10～15个伸向各方的小主枝，其角度基本呈水平状态。随树冠由下而上，小主枝由大变小、由长变短，其上无侧枝，只有各类枝组。树高可达3～3.5m，外观轮廓上小下大，呈阔圆锥形树冠。该树形树体结构比较简单、成形快、易修剪、通风透光、易于管理（图6-3）。

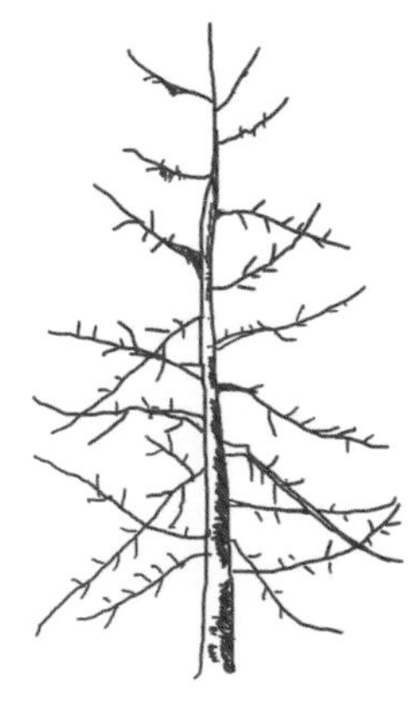

图6-3 自由纺锤形

四、主干形

主干形树形多是自然树形经过稍微修剪形成的，主枝在中心干上不分层或分层不明显，树冠较高。

干高50 ~ 60cm，树高2.5m左右，冠幅1 ~ 1.5m，在强健的中心干上，均匀合理着生30个左右的各类单轴枝组。各枝组枝轴与中心干粗度比在1 ∶ 7以上，枝组结果后自然下垂。这种树形适合双矮组合（短枝型品种/矮化砧木或短枝型品种/矮化中间砧/乔化砧），株行距（1.5 ~ 2）m×（3 ~ 4）m（图6-4）。

图6-4　主干形

第三节　整形修剪技术

一、修剪方法

1.短截　短截是将枝梢的先端部分剪去（图6-5）。短截的作用是促发多而健壮的新梢，降低分枝部位，控制树冠过快增长，增加分枝级数。短截后的反应取决于短截长度和剪口芽的质量。主要用于：

图6-5　短　截

①短截主枝、副主枝延长枝。

②短截直立旺枝，削弱

长势，促进分枝。

③短截二、三次梢结果母枝，减少花量，降低分枝部位。

2.摘心　摘心是指对当年萌发的新枝打去顶尖（图6-6）。摘心的作用有两点：一是促进分枝，增加枝叶量，也能缓和幼树的生长势，避免“冒大条”；二是可促进盛果期树腋花芽的形成。以上两点作用不同，摘心时间也不同。促进分枝的摘心时间在新梢长到半木质化时，一般在5月下旬到6月中旬进行，约摘掉新梢的1/3，同时还要将摘心后的枝前端的1～3个叶片摘除，以利芽的萌发。摘心不能过早也不能太晚。过早摘心，往往只在先端萌发一芽，仍然跑单条，达不到促进分枝的目的；太晚摘心，新梢已接近封顶阶段，萌发力较弱，长出的枝也不理想。促进盛果期树腋花芽形成的摘心时间，要掌握在新梢封顶前的7～10d进行，因为早了促进发枝，晚了形成腋花芽的作用又不大，第二种摘心主要应用于盛果期树，对幼树基本没有效果。

图6-6　摘　心

3.拉枝　根据多年的试验结果：幼年苹果树随着拉枝角度增大，生长势逐渐减弱；3年生树体在拉枝110°时花芽分化率最高，达到66.9%，果实品质最佳；叶片叶绿素含量随着拉枝角度增大而逐渐增加，并且2年生树体的叶片叶绿素含量高于3年生树体的含量；2年生树体的叶片矿质元素在拉枝角度100°时含量较高，3年生树体叶片矿质元素在拉枝角度110°时含量较高。所以在对中心干上着生的枝条进行拉枝时，拉枝的角度要达到110°左右，对促进枝条花芽的分化较为适宜（图6-7）。

4.疏枝　将枝条从基部剪去叫疏枝（图6-8）。一般用于疏除病虫枝、干枯枝、无用的徒长枝、过密的交叉枝和重叠枝，以及外围搭接的发育枝和过密的辅养枝等。

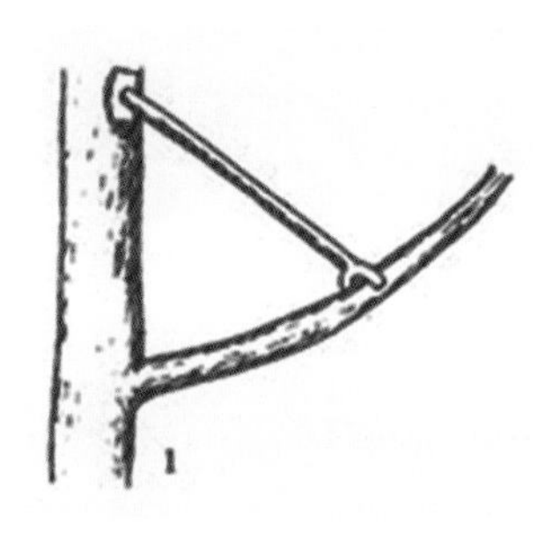

图6-7　拉　枝

图6-8　疏　枝

疏枝的作用是改善树冠通风透光条件，提高叶片光合效能，增加养分积累。疏枝对全树有削弱生长势的作用。

就局部讲，可削弱剪锯口以上附近枝条的生长势，并增强剪锯口以下附近枝条的生长势。剪锯口越大，这种削弱或增强作用越明显。

疏枝的削弱作用大小，要看疏枝量和疏枝粗度。去强留弱，疏枝量较多，则削弱作用大，可用于对辅养枝的更新；若疏枝较少，去弱留强，则养分集中，树（枝）还能转强，可用于大枝更新。

疏除的枝越大，削弱作用也越大，因此，大枝要分期疏除，一次或一年不可疏除过多。

5.回缩　短截多年生枝的措施叫回缩修剪，简称回缩或缩剪。回缩的部位和程度不同，其修剪反应也不一样，例如在壮旺分枝处回缩，去除前面的下垂枝、衰弱枝，可抬高多年生枝的角度并缩短其长度，分枝数量减少，有利于养分集中，能起到更新复壮的作用；在细弱分枝处回缩，则有抑制其生长势的作用。

多年生枝回缩一般伤口较大，保护不好也可能削弱锯口枝的生长势。

总之，回缩的作用有两个方面，一是复壮，二是抑制。

生产上抑制作用的运用如控制徒壮辅养枝、抑制树势不平衡中的强壮骨干枝等。复壮作用的运用也有两个方面，一是局部复壮，例如回缩更新结果枝组、多年生枝回缩、换头复壮等；二是全树复壮作用，主要是衰老树回缩更新骨干枝，培养新树冠。

回缩复壮技术的运用应视品种、树龄与树势、枝龄与枝势等灵活掌握。一般树龄或枝龄过大、树势或枝势过弱的，复壮作用较差。

6.刻芽

（1）刻芽的作用。在苗木定植后或大树缺枝部位刻芽可定向发枝（图6-9）。幼树树冠偏斜，刻芽可平衡树体结构。甩放枝刻芽可抽出中短枝。水平枝和角度开张的枝干，萌芽前对枝条两侧和背下刻芽，萌发的枝条可与背上芽争夺水分和养分，抑制背上芽萌发，有效减少背上冒条。

图6-9　刻　芽

（2）刻芽的时间及目的。苹果树春季刻芽在萌芽前15 ~ 30d至萌芽初期进行，一般时间为3月中下旬至4月中旬。时间过早，伤口会散失树体内水分，且芽体失水受冻，严重者干枯死亡。

具体而言，刻芽时间要根据刻芽的目的而定。为抽发长枝，刻芽要早（萌芽前15～30d）、要深（至木质部内）、要宽（宽度大于芽的宽度）、要近（距芽0.3cm左右）。为抽发短枝，刻芽要晚（萌芽初期）、要浅（刻至木质部，但不伤及木质部）、要窄（宽度小于芽的宽度）、要远（距芽0.5cm左右）。

（3）刻芽的几种方法。刻芽就是在果树枝干的芽上0.3～0.5cm处，用小刀或小钢锯切断皮层筛管或少许木质部导管。

①中心干延长枝的刻芽。1～3年生强旺幼树，从定干剪口下第四芽刻起，干高70cm以上，每隔3芽刻1芽。二年生部位疏枝处及上下20cm不刻就可发枝；无疏枝方向于干高70～100cm刻芽，最好选短枝芽，无短枝芽时选较明显的芽痕，使整形带四面有3～4个枝。

②主枝及主枝延长枝的刻芽。对一年生枝条背下芽和侧下芽每隔3～5芽刻1芽，转圈刻芽，同向间隔30～40cm，定向发枝，促发形成中、短枝，尽量避免上下重叠。一般只在中部刻，梢部20～30cm不刻，基部20cm不刻。

③辅养枝及主枝上缓放营养枝的刻芽。对长度在50cm以上的一年生枝条，除顶部20cm和距中心干20cm以内的芽不进行刻伤外，所有芽都进行刻伤，结合拉枝，减缓枝势，促进形成短果枝和串花枝，使幼树早结果、早丰产。

④缺枝部位的刻芽。主要是对主枝、辅养枝及枝组缺乏的部位，选短枝或叶丛枝从芽上进行刻伤，可促发新梢，补充缺枝。2～3年生部位缺枝方向选择短枝芽刻，促使中干每隔8～15cm有一长枝，四面转圈插空，最好螺旋上升。一年生枝部位当年刻不出长枝关系不是很大，只要能出一个短枝，来年再刻也容易出长枝。

刻芽注意事项

①刻芽只适用于萌芽率低，不易形成中短枝，或难成花、小枝量不足的品种和生长强旺的幼树，或1～3年生枝条。

②刻芽应从1年生枝开始，1年生枝上刻芽效果最佳，弱树、弱枝不要刻，更不要连续刻。

③要适量刻芽成枝，均衡树势。多刻侧芽，少刻背上芽；对于粗壮枝条要多刻，细弱枝条少刻；侧枝要多刻芽，主枝要少刻芽。

④刻刀或剪刀应专用，并经常消毒，以免刻伤时造成感染。

⑤春季多风、气候干燥地区，刻伤口能背风向最好，防止发生腐烂病。

⑥刻芽方法要正确，不可过长或过短、过深或过浅、过近或过远，更不能损伤芽体。

⑦刻芽应从幼树整形修剪抓起，在3年以内的枝上进行效果佳。

⑧刻芽和拉枝相结合，才能收到最佳效果。

二、不同树龄的整形修剪技术

（一）高纺锤形整形的一般原则

千万不要短截主干或侧枝！应采用斜剪法剪除与主干竞争的侧枝。在定植时或7月将5～8个侧枝拉至110°。剪除分枝角度狭小的分枝。剪除直径超过主干直径1/3的侧枝。剪除长度超过80cm的侧枝。剪除直径超过3.5 cm的侧枝，谨记“粗枝造树大”。

（二）定植当年高纺锤形树的修剪

1.定植后的修剪　不要短截主干，不要短截侧枝；用斜剪法去掉与主干竞争的侧枝及夹角小的侧枝；去掉直径超过主干直径1/3的侧枝。

2.定植当年的夏季修剪技术　当新梢长至10～15cm时，对除主干延长头以外的主干上部1/4段内的侧梢进行摘心处理。同时抹除60cm以下的所有萌芽，可以减少养分的消耗，将养分转移到侧枝和主干生长上来。当摘心后的二次梢长至10～15cm时，再次对主干上部1/4段内的侧梢进行摘心处理。将主干捆扎固定在支撑杆上，保证主干的直立生长，维持其顶端优势。7月顶端生长停止前，将4～5个下层分枝通过拉枝诱导成花。

3.第二、三年冬季整形修剪　主干不要进行短截，并绑扎到支撑杆上，保持其直立生长的优势。剪除1～3个直径超过着生部位主干直径1/3的侧枝（每年最多2～3个，如果大枝比较多，可以分年度去除）。去除侧枝上长度超过15cm的分枝，保持侧枝单轴延伸，调控枝条的生长发育，控制主枝增粗，促进枝条由营养生长向生殖生长转化。发芽前通过刻芽促发新枝条。

4.第二、三年夏季修剪技术　当新梢长至10～15cm时，对除中心干延长头以外的树体上部1/4段内的侧梢进行摘心处理，促进分枝和花芽分化。当二次梢长至10～15cm时，再次对树体上部1/4段内的侧梢进行摘心。继续将主干捆扎固定在支撑系统上。并对侧枝及时进行拉枝处理。

5.第四、五年冬季修剪技术　通过将主干枝回缩的方法来限制树高。剪除直径超过3.5cm的侧枝。去除侧枝上所有大的枝条以控制侧枝的增粗。

侧枝的更新修剪：当侧枝所占空间过大，与整个树失去平衡时，须从基部去除进行侧枝更新。侧枝更新采用斜剪的方法，以促使新生侧枝成为结果枝。但要注意，高纺锤形树形没有永久性的侧枝，一般结果枝可保留3～6年，然后必须更新。

三、高纺锤形树形维持的原则

不要对主干进行短截，也不要对侧枝进行轻剪。定植后四年内尽量少修剪，只剪除长势过旺、与主干竞争的侧枝。多采用刻芽、拉枝（110°）等方法调控树体由营养生长尽快向生殖生长转化。主干进行落头之前，以果实压弯树头，这样落头比较容易控制。当侧枝直径达到3.5cm时，则每年更新1 ～ 2个。

第七章 矮化自根砧苹果花果管理技术

第一节 高效授粉技术

苹果是异花授粉作物，需要异花授粉才能结实。为了确保坐果和高产、优质、高效，在有授粉树的情况下，也不能完全依靠自然传粉，应采用昆虫授粉或者人工辅助授粉。通过研究人工点授、液体授粉、蜜蜂授粉和自然授粉4种辅助授粉技术对江苏丰县大沙河苹果示范园坐果率、果实品质的影响，来确定最合适的授粉方式。

一、昆虫授粉

昆虫授粉，是指昆虫在采蜜过程中，对异花授粉的植物有传媒作用，多为蜂类，因而被称为“农业之翼”。

昆虫授粉已经成为我国苹果授粉的常规技术措施。花期辅助授粉主要采用蜜蜂、壁蜂等授粉。昆虫授粉不但可以提高授粉效率、节约人工，而且授粉效果好，可以显著提高苹果的坐果率，促进果实生长发育和品质的提高。但是，昆虫授粉受天气条件的影响较大，花期遇到不良天气的年份还需要进行人工辅助授粉。

1.蜜蜂授粉　目前，用于苹果授粉的蜜蜂品种主要为中华蜜蜂和意大利蜂。苹果开花前3 ～ 5d，将蜜蜂蜂箱散放于授粉果园中，根据果园面积来确定蜂箱位置和间距，一般每箱蜜蜂可保证$0.5hm^2$果园的授粉。在蜜蜂授粉期间，不需要专门饲喂花粉和糖浆，只要保证干净的饮水供应即可。

温馨提示

蜜蜂授粉果园，应注意在授粉前10～15d和授粉期间，禁用农药和避免污染水源，以免造成蜜蜂受害死亡，从而影响授粉效果和当年产量。

2.壁蜂授粉　专门为果树授粉的壁蜂有紫壁蜂、凹唇壁蜂、角额壁蜂、叉壁蜂和壮壁蜂。壁蜂具有出茧率较高，春季活动早，适应能力强，活跃灵敏，访花频率高，繁育、释放方便等特点，其传粉能力为普通蜜蜂的80～100倍。盛果期苹果园每亩放200～300头蜂茧；初果期的幼龄果园，每亩放150～200头蜂茧。

二、人工辅助授粉

苹果花期如果遇到阴雨、低温、大风和霜冻等恶劣天气，昆虫活动受阻，应采取人工辅助授粉的方法提高坐果率。人工授粉是苹果最有效、最可靠的授粉方法。

要注意分期授粉，一般于初花期和盛花期授粉两次效果最好。授粉方式分为人工点授、花粉袋撒授、液体喷授等。

1.人工点授　将花粉装在干净的小玻璃瓶中，用带橡皮的铅笔或毛笔蘸取花粉，轻点初开花朵柱头即可。一次蘸粉可点3～5朵花，一般每花序点授1～2朵。以第一批中心花开放15%左右时开始进行人工点授，分批进行，连授2～3次。

2.花粉袋撒授　将花粉混合50倍的滑石粉填充剂，装入两层的纱布袋中，绑在长杆上，在树冠上方轻轻摇动花粉袋，使花粉均匀撒落在花朵柱头上。这种授粉方式较为省力，授粉效率较高，但花粉需求量较大，授粉针对性不强。

3.液体喷授　将花粉过筛，除去花瓣、花药壳等杂物，每千克干净水加花粉2g、糖50g、尿素3g、硼砂2g，配成花粉悬浮液，用超低量喷雾器细雾均匀地喷洒于花朵柱头上。每株结果树喷布量为150 ～ 250g，在全树花朵开放60%左右时喷布效果较好，并要喷布均匀周到。注意悬浮液要随配随用。

4.器械授粉　器械授粉是借助授粉器械，在果树花期进行辅助授粉，这是对传统人工授粉方式的一种创新和提高。优点包括劳动强度低、授粉率高、速度快、操作简便等，可在短时间内完成大面积授粉。授粉效率是传统人工点授的十几乃至几十倍，主要适用于面积较大、劳动力短缺的果园，可有效缓解快速增长的人工成本和凸显的花期“农工荒”，具有良好的应用前景。器械授粉技术是一项系统工程，包括授粉品种、花粉制备、器械设备等系列子工程。

三、不同授粉方式对果实品质及坐果率的影响

不同授粉方式通过花粉直感效应影响果实的生长发育和果实品质等，花粉量与柱头接触的多少会影响果实种子数量和发育，从而影响单果重、果实形状，甚至影响果实的着色、成熟以及糖酸的含量等。为了筛选矮化自根砧苹果园适宜的授粉方式，研究了人工点授、液体授粉、蜜蜂授粉和自然授粉四种技术对其果实品质和坐果率的影响。自然授粉指在完全自然的条件下，不采用任何辅助授粉技术；液体授粉1为高脂膜1g，硼酸0.1g，蔗糖50g，花粉1g，水0.5L；液体授粉2为黄原胶0.2g，硼酸0.1g，蔗糖50g，花粉1g，水0.5L；液体授粉3为琼脂粉0.5g，硼酸0.1g，蔗糖50g，花粉1g，水0.5L。4种授粉方式均对苹果品种的坐果率、果实品质有显著影响，其中人工点授效果较佳，花序坐果率达到55.5%，花朵坐果率达到46.5%，果实品质也保持优良，能产生较大的经济效益（表7-1和表7-2）。

表7-1　花序坐果率与花朵坐果率的统计

处理	花序坐果率（%）	花朵坐果率（%）
人工点授	55.5±1.37a	46.5±2.08a
蜜蜂授粉	38.33±1.65b	17.7±0.89b
液体授粉1	24.83±0.67e	11.17±0.67e
液体授粉2	21.00±1.00f	13.77±0.45d
液体授粉3	26.47±0.76de	15.0±0.2cd
自然授粉	28.33±1.89d	15.8±0.2c

表7-2　不同授粉方式的苹果品质

处理	单果重（g）	果形指数	硬度（kg/cm^2）	可溶性固形物（%）	可溶性糖（%）	维生素C（mg/kg）	可滴定酸（%）
蜜蜂授粉	279.73±4.64b	1.51±0.03b	8.0±0.2b	13.08±0.31b	7.11±0.44c	2.55±0.12bc	0.16±0.01ab
人工点授	297.21±4.88a	1.73±0.04a	8.9±0.3a	13.97±0.14a	8.62±0.19ab	3.36±0.28a	0.16±0.01ab
液体授粉1	259.21±2.78c	0.85±0.03d	6.6±0.5c	13.65±0.34ab	7.89±0.29bc	2.42±0.38c	0.17±0.01a
液体授粉2	278.64±3.93b	0.99±0.04c	8.1±0.7b	13.4±0.45ab	8.97±1.02a	1.85±0.27d	0.18±0.01a
液体授粉3	262.86±10.12b	0.83±0.05d	9.2±0.3a	13.45±0.24ab	8.18±0.4ab	2.36±0.27c	0.15±0b
自然授粉	286.94±5.46ab	0.84±0.03d	7.9±0.3b	12.33±0.38c	8.4±0.21ab	2.98±0.12ab	0.16±0.01ab

采用人工点授，相对于其他授粉方式更能提高坐果率，更能有效改善果实品质，主要原因是人工点授效果比较到位，每朵花柱头接受花粉量大，花粉群体效应明显，有足够的花粉能充分完成受精。液体授粉的坐果率较低，可能原因：一是花粉的因素，

该果园花期与花粉期不是很一致，导致花粉活力下降，接触到柱头也不能产生明显的效应，从而导致坐果率低；二是花粉量使用过少，液体中花粉含量不足，导致坐果率较低。通过对3种液体授粉的比较，可以发现，液体授粉3的坐果率最高，液体授粉2次之，由此可见，琼脂粉作为一种稳定剂的效果强于高脂膜和黄原胶，且液体授粉3的果实品质也较好。相对于人工点授技术来讲，蜜蜂授粉和液体授粉的应用效率相对较高，且所需人工劳力较少，可以提高生产效率，特别是在劳动力缺乏的地区能取得最佳效果。

第二节　疏花疏果技术

疏花疏果可避免大小年的出现，提高果实品质和经济效益，它对于果树在生长期的生长、花芽分化及果实负载量的调控有非常重要的作用。

一、合理留果量的确定

根据国内外苹果园合理留果量的确定方法，现在可操作性最强的方法是根据树干的横截面积计算留果量，当然与品种、树龄、树势、坐果情况、立地条件、肥水条件、栽培管理技术水平以及历年产量和质量要求等也有一定关系。为摸索富士苹果适宜留果量，选择生长势一致、大小相近的25株植株作为试验树，单株小区，按单位横截面积的留果量分为5个处理，每个处理5株树。设主干嫁接口上10cm处每平方厘米分别留果2.0个（处理Ⅰ）、3.0个（处理Ⅱ）、4.0个（处理Ⅲ）、5.0个（处理Ⅳ）、6.0个（处理Ⅴ），共5个处理，研究不同留果量对富士苹果单果重、果形指数、硬度及亩产量的影响。

在外观品质方面，留果量增加，使果实的单果重降低，亩产

量呈降低趋势，但对果形指数方面的影响不明显（表7-3）。内在品质方面，留果量增加，果实可溶性固形物、可溶性糖和维生素C含量都降低，说明留果量过多，果实营养分配不均衡，导致果实的营养物质下降；而可滴定酸的变化则无明显差异（表7-4）。因此，合理的留果量对苹果生产至关重要，留果量过多过少都对生产不利，留果量过少，果实品质优良但产量不足；留果量过多，果实品质下降，影响果品的生产。由此可见，为确保苹果的品质和产量，保持较高的经济效益，留果量3个/cm^{2}最为合适。

表7-3　富士苹果不同留果量对果实外观品质的影响

处理	单果重（g）	果形指数	硬度（kg/cm^2）	亩产量（kg）
I	286.42±1.3b	0.82±0.02b	7.5±0.1a	1 180
II	298.51±6.58a	0.82±0.02b	7.9±0.3a	1 250
III	289.77±3.34a	0.86±0.02a	7.7±0.3a	1 200
IV	276.8±2.41b	0.84±0.02ab	7.4±0.3ab	1 150
V	247.37±3.6c	0.83±0.02ab	7.1±0.4b	1 190

表7-4　富士苹果不同留果量对果实内在品质的影响

处理	可溶性固形物（%）	可溶性糖（%）	维生素C（mg/kg）	可滴定酸（%）
I	13.61±0.21a	8.44±0.17a	3.18±0.23a	0.19±0.01a
II	13.43±0.32a	8.91±0.09a	3.07±0.17a	0.17±0.01b
III	13.33±0.51ab	8.63±0.29a	2.93±0.09a	0.19±0.01a
IV	13.16±0.39ab	7.99±0.31b	2.46±0.36b	0.2±0.02a
V	13.14±0.42ab	8.14±0.31b	2.28±0.27b	0.19±0.01a

二、人工疏花疏果

果树开花、坐果消耗的是树体越冬贮藏的养分，由于苹果开花时叶片尚无合成养分的功能，树体贮藏的有限养分就非常珍贵，因此如何把树体贮藏的养分充分利用就成为关键问题。为此，要通过人为干预把树体贮藏营养集中用于目标花果上，这样就必须疏除多余的花序和花朵以减少无效消耗。疏除多余的花朵后，可利于成花结果，达到丰产优质的目的。

为了预防花期晚霜危害和减少用工，采用疏花序、定单果的方法为好。苹果每开一朵花，要消耗1mg氮素，因此，疏花越早越好。在早春，能辨认花芽时开始对过多的花枝、交叉密枝予以疏除；在花序分离期依据不同的品种，20 ～ 25cm留一个花序，掐去多余的花序，疏除背上花序、过密花序，注意选留下垂、斜下垂的花序。

三、化学疏花疏果

1.疏花剂的种类及选择　二硝基化合物（DONC）是早期常用的化学疏花剂，其作用机制是药剂腐蚀花粉及柱头，阻止花粉萌发、花粉管伸长，未受精花不能受精造成脱落，对已经完成授粉受精的花朵无法作用。但在花期使用DONC时容易受天气条件的影响，尤其是雨天喷施会造成药害，有的会造成果锈，影响苹果的外观品质。

石硫合剂的作用机制是造成雌蕊柱头灼伤，抑制苹果的授粉受精，所以只影响尚未受精的花，阻止其正常的授粉受精过程。使用期以中心花已开过、边花正开时为宜，浓度0.2 ～ 0.4波美度，其喷后还可防治病虫害。

萘乙酸及其同类物质是一类人工合成的植物生长调节剂，其作用机制是使雌蕊柱头受到灼伤，阻碍尚未受精且正在盛开的花的授粉受精过程。在花期喷施可以显著降低边花坐果率。喷施萘乙酸会干扰苹果树体内一些激素的代谢和运输，抑制叶片光合作用、降低碳水化合物的供应，在坐果期喷施可以有效地疏除幼果。

6-苄氨基腺嘌呤（6-BA）是一种细胞分裂素，其作用机制是促进细胞分裂，提高呼吸速率，消耗碳水化合物，利用花朵开放时间差异，促进养分竞争，抑制授粉受精及坐果。

乙烯利的作用机制是通过阻碍花粉管的伸长，抑制授粉受精来进行疏花，同时诱导分解生成乙烯，促使果柄形成离层细胞使幼果脱落。乙烯利作用有效期较短。乙烯利同时也是效果很好的疏果剂，乙烯利的优点是既能疏花又能疏果，且对环境无污染。缺点是高浓度条件下疏花作用较强，在高温条件下疏除效果不稳定。

蚁酸钙制剂的疏花机制是通过抑制柱头的活性而阻止受精，通过杀伤柱头、落在柱头上的花粉及已经在花柱上部萌发的花粉管，使之不能受精而导致幼果脱落。蚁酸钙只对开放而尚未受精的花起作用，喷药时要准确地将药液洒落到雌花的柱头上。

2.疏果剂的种类及选择　西维因是一种高效低毒的氨基甲酸酯类杀虫剂，能很好地防治果树食心虫。其作用机制是通过树体吸收进入维管束，干扰幼果的激素及养分的运输，阻碍营养物质的输送，使部分幼果缺少发育所需的养分造成脱落，这种疏果作用最先发生在营养竞争比较弱的幼果上，使其落果。

关于敌百虫的疏花疏果应用也有不少研究，它是一种有机磷杀虫剂。敌百虫主要通过改变树体内部正常的生理供给需求，使内部营养流动紊乱，幼果枝因缺乏营养而暂缓生长并逐步脱落，并最终达到疏果的目的。

3.使用方法及注意事项

（1）先试验。先进行小面积试验，若效果良好，再大面积使用。

（2）选择合适的喷雾器。先用清水将喷雾器清洗干净，检查其压力是否正常，雾化效果是否良好，背负式喷雾器喷杆选用长杆，自上而下，由内而外，喷头对准花朵或幼果，间距25cm左右喷药，每亩药液量控制在75 ~ 100kg。

（3）天气适宜。在晴天或阴天喷施，适宜温度为20 ~ 28℃。

（4）根据花果量确定是否需要疏花疏果。若当年花量少，可不用化学疏花疏果；若当年树势强，花量多，可以用化学药剂进行疏花疏果。

（5）不同品种所需浓度不同。不同品种对化学疏花疏果剂的敏感程度不同，根据品种选择适宜的疏花疏果剂浓度。

（6）看授粉树配置。果园中未配置授粉树则不进行化学疏花疏果，授粉树配置为1 ∶ 6 ~ 1 ∶ 8的果园，授粉树不能使用化学疏花药剂，但可以使用化学疏果药剂。授粉树等量配置的果园，化学疏花剂和疏果剂均可使用。

（7）化学疏花疏果与人工疏花疏果结合使用。化学疏花疏果后，根据坐果情况和产量预估，再进行人工定果。

四、化学疏花剂的筛选及科学使用方法的研究

为筛选适合富士苹果化学疏花的使用方法，连续5年以烟富10号苹果为试验树，在富士苹果盛花期（中心花开70%左右）喷施萘乙酸、6-苄氨基腺嘌呤、蚁酸钙和乙烯利4种不同浓度的化学疏花剂，以清水和人工疏除为对照，了解化学疏花剂对富士苹果坐果率、树体生长发育和果实品质的影响（表7-5）。

表7-5　化学疏花剂筛选试验设计

疏花剂	处理标识	质量浓度	疏花剂	处理标识	质量浓度
萘乙酸（NAA）	N1	5mg/kg	蚁酸钙（CFA）	Y1	5g/kg
	N2	10mg/kg		Y2	10g/kg
	N3	15mg/kg		Y3	15g/kg
	N4	20mg/kg		Y4	20g/kg

（续）

疏花剂	处理标识	质量浓度	疏花剂	处理标识	质量浓度
6-苄氨基腺嘌呤（6-BA）	B1	50mg/kg	乙烯利（Eth）	E1	300mg/kg
	B2	100mg/kg		E2	450mg/kg
	B3	150mg/kg		E3	600mg/kg
	B4	200mg/kg		E4	900mg/kg
清水对照	CK1	—	人工疏除	CK2	—

1.不同疏花剂的疏花效果

（1）蚁酸钙。从图7-1中可以看出，随着蚁酸钙使用浓度的提高，疏花效果也逐渐显著，但为防范疏除过量的风险，蚁酸钙疏花使用浓度建议为15g/kg。然后根据疏除情况安排下一步的疏花疏果措施，最后需要辅以人工定果。

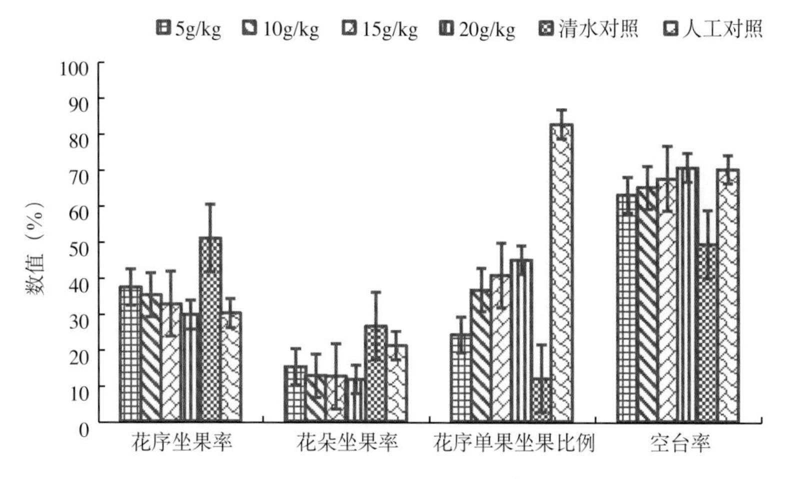

图7-1　不同浓度蚁酸钙处理对富士苹果的疏花效果

（2）萘乙酸。从图7-2可以看出，在试用的4种萘乙酸浓度中，较低的质量浓度（5mg/kg）疏除效果不显著，较高的质量浓度

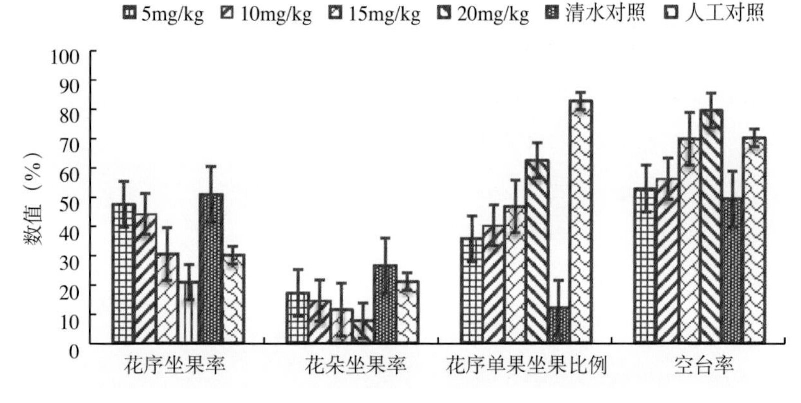

图7-2　不同浓度萘乙酸处理对富士苹果的疏花效果

（20mg/kg）疏除效果显著，但容易出现疏除过量和产生药害的风险，因此在15mg/kg浓度下萘乙酸疏花效果较为安全稳定，下一步根据疏花情况和树体结果情况，决定需要采取的疏果措施，最后需要辅以人工定果。

（3）6-BA。从图7-3中可以看出，6-BA的4种浓度处理，对富士苹果均有一定的疏除效应。综合各方面的因素，建议6-BA疏花使用浓度为150mg/kg，可以在保证安全的条件下，起到良好的疏花效果。

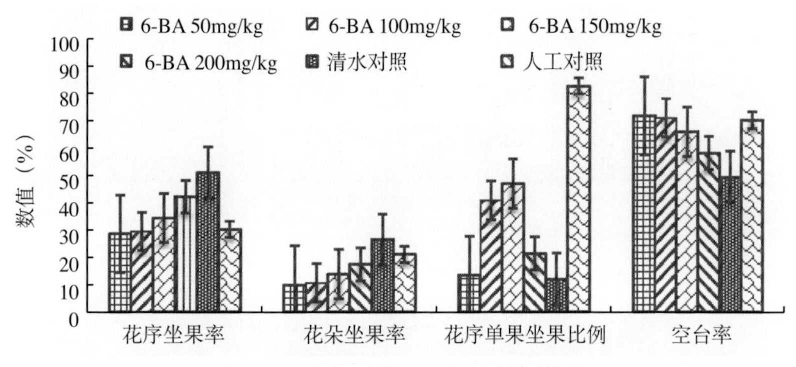

图7-3　不同浓度6-BA处理对富士苹果的疏花效果

（4）乙烯利。从图7-4可以看出，随着乙烯利浓度的升高，疏除效果表现明显，较高的质量浓度（900mg/kg）疏除效果显著，但易出现疏除过量的风险，因此乙烯利质量浓度控制在600mg/kg比较安全稳定，其疏花效果接近人工疏除。

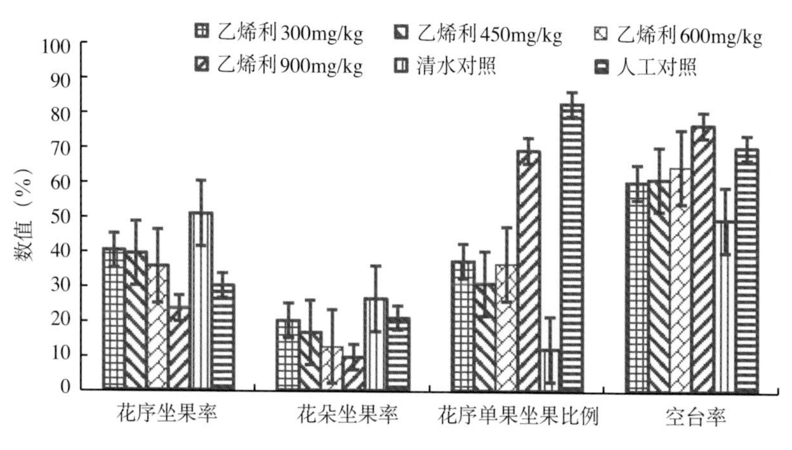

图7-4　不同浓度乙烯利处理对富士苹果的疏花效果

2.不同疏花剂处理对富士苹果疏花效果聚类分析　如图7-5所示，以组间连接的方法进行系统聚类分析，花序坐果率、花朵坐果率、花序单果坐果比例为指标，比较4种不同浓度疏花剂的疏花效果。

在距离为25的范围内，不同化学疏花药剂及对照聚为3类：第一类群包括萘乙酸5mg/kg、10mg/kg、15mg/kg、20mg/kg，6-BA 50mg/kg、100mg/kg、150mg/kg、200mg/kg以及蚁酸钙5g/kg、15g/kg、20g//kg，乙烯利300mg/kg、450mg/kg、600mg/kg；第二类群包括蚁酸钙10g/kg、乙烯利900mg/kg和人工疏除对照；第三类群包括清水对照。

将花序坐果率分为三个等级：第一级为>40%，第二级为30%～40%，第三级为<30%。花朵坐果率分为三个等级：第一

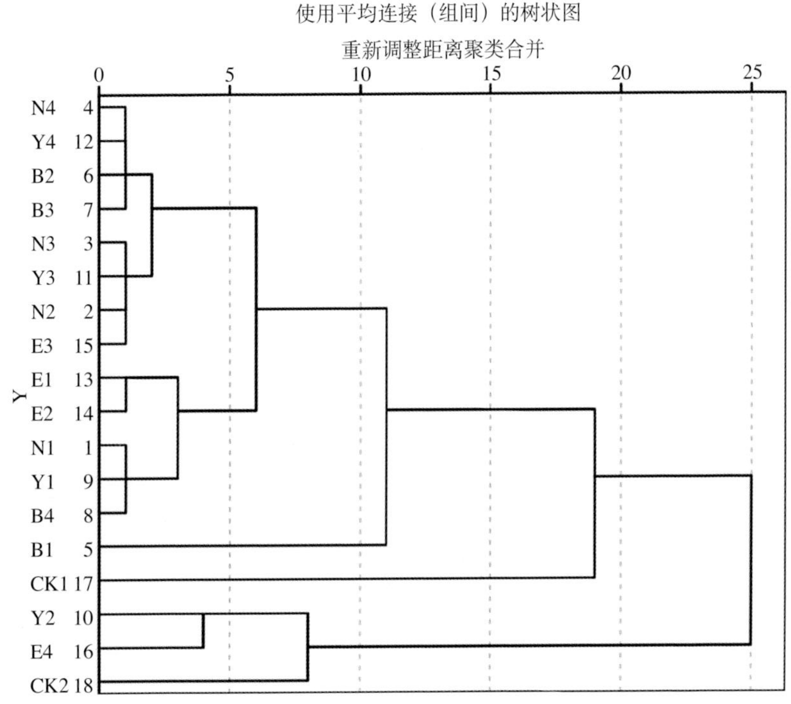

图7-5　不同浓度化学疏花剂处理对富士苹果的疏花效果聚类分析

级为>20%，第二级为15%～20%，第三级为<15%。花序单果坐果比例分为三个等级：第一级<30%，第二级为30%～50%，第三级为>50%。

第一类群中花序坐果率较低的处理有萘乙酸15mg/kg、20mg/kg，6-BA 100mg/kg，蚁酸钙15g/kg，乙烯利600mg/kg，处于第二或者第三级水平。花朵坐果率较低的处理有萘乙酸5mg/kg、10mg/kg、15mg/kg、20mg/kg，6-BA 50mg/kg、100mg/kg、150mg/kg，蚁酸钙15g/kg，处于第二或者第三级水平。花序单果坐果比例方面，蚁酸钙10g/kg、乙烯利900mg/kg和人工疏除最低，处于第三级水平；而萘乙酸10mg/kg、15mg/kg、20mg/kg，6-BA 100mg/kg、150mg/kg，

蚁酸钙15g/kg、20g/kg，以及乙烯利300mg/kg、450mg/kg、600mg/kg处于第二级水平。第二类群中的花序坐果率、花朵坐果率及花序单果坐果比例均处于第一、第二级水平；第三类群中清水对照组的花序坐果率和花朵坐果率较高，花序单果坐果比例低，均处于第一级水平。综合各项指标，以第一类群的部分药剂浓度及第二类群的药剂浓度处理效果较好，即以萘乙酸10mg/kg、15mg/kg，6-BA 100mg/kg、150mg/kg，蚁酸钙15g/kg，乙烯利600mg/kg的疏花效果较好。

3.不同疏花剂处理对苹果新梢生长发育的影响　由图7-6可以看出，在不同浓度6-BA的处理作用下，短枝比例均高于对照，在浓度为150mg/kg的6-BA处理下，短枝比例达到最高。中枝比例，基本与6-BA浓度处理呈正相关。同时可以看出6-BA在一定程度上削弱顶端优势，促进侧芽萌发成侧枝，形成副梢，且加大侧枝的抽生角度，也有促进已经停止生长的枝条重新生长的作用。萘乙酸处理与6-BA处理的新梢长、中、短枝比例趋势基本一致。蚁酸钙处理，短枝比例整体高于中枝和长枝，随着蚁酸钙浓度增加，短枝比例呈先上升后下降趋势。乙烯利处理与蚁酸钙处理的新梢长、中、短枝比例趋势基本一致。

4.不同疏花剂处理对苹果花芽分化的影响　由表7-6可知，在花芽分化方面，喷施浓度150mg/kg的6-BA花芽数为30.8个，达到最高值，清水对照CK1处理最低，为21.3个。在花芽分化率方面，喷施浓度100mg/kg的6-BA花芽分化率最高，为59.84％，清水对照处理CK1最低，为46.92％，B2（100mg/kg的6-BA）比CK2高19.13％，这与喷施6-BA促进副梢生长有关。通过清水对照发现，喷施6-BA处理能明显提高花芽的分化率。

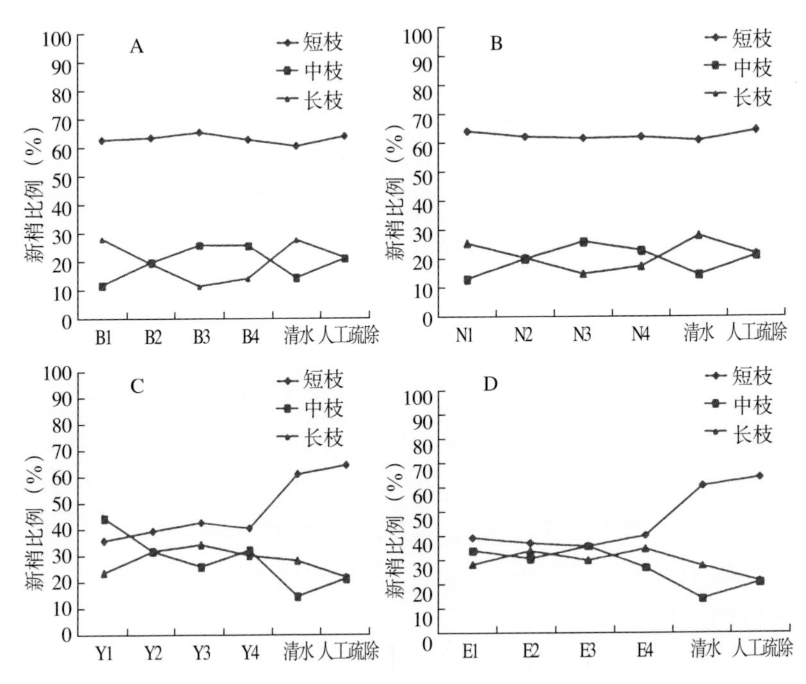

图7-6　不同浓度化学疏花剂处理对富士苹果新梢生长发育的影响

A.6-BA　B.NAA　C.CFA　D.Eth

表7-6　不同疏花剂处理对苹果花芽分化的影响

处理	花芽数（个）	总芽数（个）	分化率（%）
N1	20.8±4.35b	42.5±4.69b	48.94±5.68c
N2	21.3±6.41b	44.1±8.83ab	48.29±6.34c
N3	21.5±3.31b	45.2±10.62ab	47.56±4.67c
N4	22.6±3.78b	43.5±8.59b	51.95±5.28b
B1	24.2±4.56ab	45.6±6.37ab	53.07±6.82b
B2	29.5±3.87a	49.3±8.67a	59.84±6.56a
B3	30.8±5.52a	55.8±9.46a	55.20±7.28ab
B4	29.7±3.87a	50.7.4±6.54a	53.61±3.45b

（续）

处理	花芽数（个）	总芽数（个）	分化率（%）
Y1	24.3±2.43ab	52.6±8.78a	57.04±5.78a
Y2	22.4±5.15b	46.2±7.32ab	48.48±4.26c
Y3	25.6±4.78ab	48.5±8.41ab	52.78±4.87b
Y4	23.5±3.89ab	44.6±7.59ab	52.69±6.12b
E1	21.5±4.35b	45.7±9.21ab	47.05±5.39c
E2	24.7±4.58ab	41.9±6.46b	58.95±6.18a
E3	25.6±6.87ab	50.6±6.87b	51.19±4.89b
E4	27.5±4.24a	50.9±7.45ab	54.03±5.42ab
CK1	21.3±3.89b	45.4±8.12ab	46.92±8.71c
CK2	25.6±3.65ab	52.9±7.36a	48.39±9.65c

5.不同疏花剂对富士苹果果实品质的影响

（1）不同疏花剂对富士苹果果实外观品质的影响。不同疏花剂对苹果果实外在品质的影响如表7-7所示。果实单果重方面，喷施浓度20mg/kg的萘乙酸（N4）单果重最小，为279.4g，喷施浓度100mg/kg的6-BA（B2）单果重最高，为342.4g，B2比N4高22.55%。与清水对照相比，喷施高浓度萘乙酸会降低富士苹果的单果重，因此选择萘乙酸作为疏花剂时，要注意控制浓度范围。果形指数是反映苹果外观的指标之一，喷施浓度150mg/kg的6-BA（B3）果形指数最高，为0.89，喷施浓度450mg/kg的乙烯利（E2）最低，为0.78，说明喷施不同疏花剂对苹果果形指数有一定影响，喷施浓度150mg/kg的6-BA能改善果形指数。硬度是果实口感及耐贮藏性的重要指标，硬度大的果实更耐贮藏。硬度方面，喷施浓度20g/kg的蚁酸钙（Y4）最高，为9.61kg/cm^2，清水对照处理CK1最低，为8.44kg/cm^2，多数化学药剂处理之间无显著差异。总体来看，与人工疏除对照相比，4种疏花剂对富士苹果外观品质均无不良影响。

表7-7 不同化学疏花剂处理对苹果果实外观品质的影响

处理	单果重（g）	果实硬度（kg/cm^2）	纵径（cm）	横径（cm）	果形指数
N1	323.9±4.4ab	8.84±1.2ab	7.71±0.62a	9.20±0.59a	0.84±0.02a
N2	312.8±5.6ab	8.92±1.1ab	7.82±0.56a	9.09±0.71ab	0.86±0.02a
N3	292.2±4.2b	8.66±1.2ab	7.15±0.58b	9.03±0.53ab	0.79±0.02ab
N4	279.4±3.8c	8.63±1.4ab	7.65±0.61a	9.01±0.61ab	0.85±0.01a
B1	292.3±4.1b	9.18±1.3a	7.06±0.63b	9.07±0.49ab	0.83±0.02a
B2	342.4±5.3a	8.83±1.4ab	7.53±0.58ab	8.73±0.68b	0.87±0.01a
B3	325.2±4.7ab	8.74±1.3ab	6.19±0.66c	7.65±0.59c	0.89±0.01a
B4	330.8±4.5a	8.87±1.4ab	7.59±0.58ab	8.84±0.71b	0.86±0.01a
Y1	310.7±5.6ab	9.04±1.2a	7.26±0.62b	9.03±0.63ab	0.81±0.02a
Y2	312.4±3.6ab	8.93±1.3ab	7.39±0.54b	8.87±0.54b	0.83±0.02a
Y3	314.8±4.5ab	9.40±1.4a	7.34±0.71b	8.95±0.58ab	0.82±0.02a
Y4	316.4±5.1ab	9.61±1.1a	7.67±0.53a	9.33±0.67a	0.82±0.02a
E1	316.5±4.3ab	9.30±1.3a	7.47±0.61ab	8.85±0.53b	0.84±0.02a
E2	340.2±5.4a	9.02±1.2a	7.25±0.76b	9.34±0.69a	0.78±0.01ab
E3	327.8±5.1ab	8.98±1.3ab	7.16±0.54b	8.72±0.78b	0.82±0.02a
E4	335.9±6.2a	8.69±1.4ab	7.68±0.53a	9.24±0.83a	0.83±0.02a
CK1	315.3±4.3ab	8.44±1.2b	7.27±0.65b	9.02±0.65ab	0.80±0.02ab
CK2	321±5.2ab	8.86±1.3ab	7.36±0.75b	9.09±0.71ab	0.80±0.02ab

（2）不同疏花剂对富士苹果果实内在品质的影响。从表7-8可以看出，各浓度处理对富士苹果的内在品质影响差异不显著。可溶性固形物方面，喷施20mg/kg萘乙酸（N4）可溶性固形物最低，为11.96%，喷施浓度150mg/kg的6-BA（B3），可溶性固形物最

高，为15.3%，与清水对照相比高了约1%，由此可以看出，喷施150mg/kg的6-BA提高了苹果果实的可溶性固形物含量。维生素C方面，6-BA处理和乙烯利处理明显高于对照组。可溶性糖和可滴定酸方面，各疏花剂处理与清水对照相比差异不大。总体来看，与人工疏除对照相比，4种疏花剂对富士苹果内在品质均无不良影响。

表7-8　不同疏花剂处理对苹果果实内在品质的影响

处理	可溶性固形物含量（%）	维生素C含量（×10mg/kg）	可溶性糖含量（%）	可滴定酸含量（%）
N1	13.5±1.15a	4.11±0.08b	8.91±1.45b	0.22±0.01a
N2	13.2±0.98a	4.54±0.12b	9.14±1.37ab	0.21±0.01a
N3	14.38±1.07a	4.58±0.19b	9.42±1.32ab	0.22±0.01a
N4	11.96±1.03b	4.88±0.28b	10.23±0.95a	0.20±0.01a
B1	13.8±0.78a	6.36±0.17a	8.62±1.23b	0.23±0.01a
B2	13.4±0.84a	6.65±0.19a	9.64±1.59ab	0.20±0.02a
B3	15.3±0.92a	6.65±0.11a	9.25±1.33ab	0.20±0.01a
B4	14.1±1.03a	6.44±0.17a	10.73±1.44a	0.22±0.01a
Y1	13.0±1.04a	4.42±0.12b	9.30±0.89ab	0.21±0.01a
Y2	14.0±0.97a	4.62±0.09b	9.48±1.21ab	0.22±0.02a
Y3	13.46±1.03a	4.57±0.11b	9.11±1.25ab	0.22±0.01a
Y4	14.9±1.53a	4.61±0.13b	9.17±1.08ab	0.21±0.01a
E1	14.2±0.97a	6.86±0.12a	8.43±1.67b	0.24±0.01a
E2	13.2±1.23a	6.68±0.17a	8.12±1.12b	0.20±0.01a
E3	12.7±1.07ab	6.42±0.09a	9.06±1.26ab	0.20±0.02a
E4	13.5±1.24a	6.66±0.13a	9.25±1.76ab	0.21±0.01a

（续）

处理	可溶性固形物含量（%）	维生素C含量（×10mg/kg）	可溶性糖含量（%）	可滴定酸含量（%）
CK1	14.2±0.89a	4.72±0.15b	9.95±1.45a	0.22±0.01a
CK2	13.4±1.31a	4.54±0.16a	9.15±1.53ab	0.21±0.01a

五、化学疏果剂的筛选及科学使用方法的研究

以烟富10号苹果为试验树，连续4年在富士苹果幼果期喷施不同浓度的萘乙酸、6-BA和乙烯利3种化学疏果剂，喷施清水和人工疏除作为对照。研究化学疏果剂对富士苹果坐果率、生长发育、果实品质和产量的影响（表7-9）。

表7-9　化学疏果剂及其处理浓度

疏果剂	处理标识	质量浓度	疏果剂	处理标识	质量浓度
萘乙酸（NAA）	N5	5mg/kg	乙烯利（Eth）	E5	300mg/kg
	N6	10mg/kg		E6	450mg/kg
	N7	15mg/kg		E7	600mg/kg
	N8	20mg/kg		E8	900mg/kg
6-苄氨基腺嘌呤（6-BA）	B5	50mg/kg	清水对照	CK3	—
	B6	100mg/kg	人工疏除对照	CK4	—
	B7	150mg/kg			
	B8	200mg/kg			

不同浓度疏果剂的疏果效果见图7-7。

1.不同疏果剂处理对叶片生长的影响　从表7-10可以看出，各种处理的叶片叶绿素含量无明显差异，叶面积指数与产量相关，喷施100mg/kg的6-BA时，叶面积指数最大且叶片宽度最宽，可

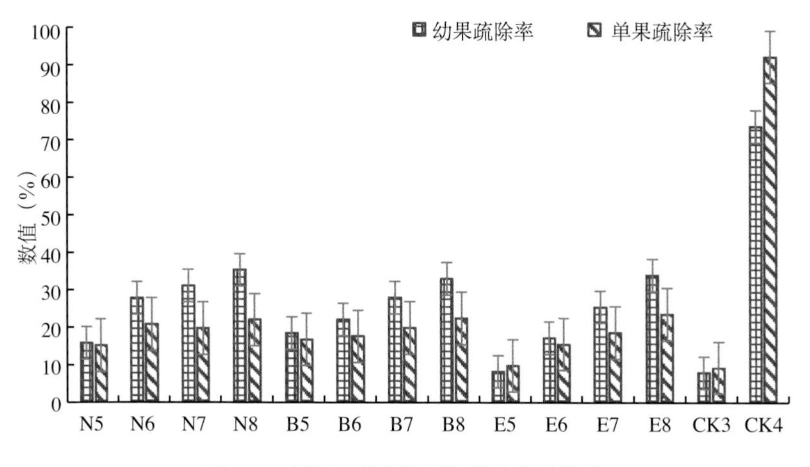

图7-7　不同浓度疏果剂处理的疏果效果

以看出，此时苹果产量提高，而喷施20mg/kg的NAA会抑制苹果生长，降低苹果产量。叶片长度方面，与对照相比，20mg/kg的NAA处理使叶片长度明显变小，可以看出喷施高浓度的NAA会造成苹果叶片变小，抑制叶片生长。

表7-10　不同疏果剂对富士苹果叶片生长的影响

处理	叶片长度（cm）	叶片宽度（cm）	叶面积指数	叶绿素（SPAD值）
N5	9.49±0.21a	4.51±0.37a	2.48±0.03a	58.6±3.5a
N6	9.31±0.14a	4.36±0.25a	2.34±0.02a	57.8±2.7ab
N7	9.01±0.37ab	4.20±0.32ab	1.97±0.06b	56.5±4.1ab
N8	8.09±0.26b	4.05±0.43b	1.87±0.07b	56.7±4.5ab
B5	8.16±0.42b	4.56±0.28a	2.35±0.03a	58.2±4.8a
B6	9.56±0.38a	5.45±0.25a	2.86±0.02a	57.2±2.3a
B7	9.48±0.53a	4.27±0.39ab	2.24±0.08a	57.3±3.1a
B8	9.33±0.60a	4.39±0.37a	2.35±0.02a	58.4±2.3a

（续）

处理	叶片长度（cm）	叶片宽度（cm）	叶面积指数	叶绿素（SPAD值）
E5	9.37±0.63a	4.52±0.39a	2.11±0.06ab	58.4±2.5a
E6	9.12±0.47ab	4.89±0.64a	2.35±0.03a	56.5±3.1ab
E7	9.35±0.49a	4.45±0.34a	2.27±0.02a	57.8±3.5a
E8	9.24±0.42a	4.32±0.57a	2.16±0.03ab	57.3±2.4a
CK3	9.14±0.28ab	4.03±0.53b	2.14±0.02ab	52.3±4.3b
CK4	9.68±0.51a	4.31±0.71a	2.53±0.05a	57.6±2.6a

2.不同疏果剂处理对苹果花芽分化的影响　由表7-11可知，喷施浓度200mg/kg的6-BA花芽分化率最高，喷施6-BA处理比其他处理的总芽数要高，这说明6-BA与促进副梢生长、提高花芽分化率有关。

表7-11　不同疏果剂处理对苹果花芽分化的影响

处理	花芽数（个）	总芽数（个）	分化率（%）
N5	26.9±3.87b	45.6±3.56b	50.22±6.35c
N6	25.4±5.42b	50.3±6.37ab	46.52±5.27c
N7	23.6±4.36b	52.1±4.23b	45.30±3.16c
N8	24.7±4.12b	60.5±3.59b	51.95±5.37b
B5	26.3±3.57ab	49.3±4.37ab	40.83±5.35b
B6	30.6±4.12a	55.7±5.67a	54.94±6.56a
B7	32.9±3.58a	55.8±5.46a	58.96±7.14ab
B8	30.5±3.86a	50.3±4.54a	60.63±3.95a
E5	23.6±3.35b	49.7±6.23ab	49.89±4.32c
E6	30.6±5.76a	51.6±5.42a	59.30±5.21a

（续）

处理	花芽数（个）	总芽数（个）	分化率（%）
E7	26.7±5.27ab	49.6±4.23b	53.83±5.76b
E8	26.9±6.39ab	47.9±4.34ab	56.15±5.31a
CK3	23.4±3.27b	46.4±3.14ab	50.43±7.65c
CK4	29.7±2.54a	51.6±5.32a	57.56±3.51ab

3.不同疏果剂处理对苹果一年新梢生长发育的影响　由图7-8可以看出，用6-BA处理时，短枝比例均高于清水对照，以浓度为200mg/kg的6-BA处理短枝比例最高；中枝比例方面，以浓度

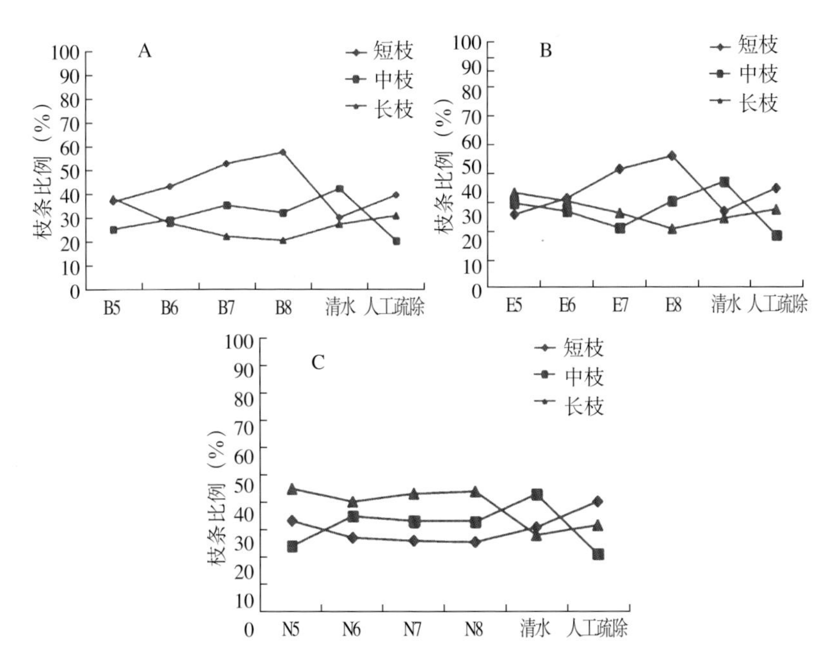

图7-8　不同浓度化学疏果剂处理对富士苹果新梢的影响

A.6-BA　B.Eth　C.NAA

150mg/kg的6-BA处理中枝比例最高。说明适宜浓度的6-BA处理，可以在一定程度上削弱顶端优势，促进侧芽萌发成侧枝，形成副梢，也可以促进已经停止生长的枝条重新生长。乙烯利处理的短枝比例与喷施浓度呈正相关，长枝比例则随着乙烯利的浓度增大而降低，说明乙烯利可以抑制茎的伸长。喷施NAA处理与6-BA和乙烯利相比，中、长枝比例明显上升，这与NAA处理促进茎的伸长生长有关。

4. 不同疏果剂处理对富士苹果品质的影响

（1）不同疏果剂处理对苹果外观品质的影响。如表7-12所示，果实单果重方面，喷施浓度20mg/kg的萘乙酸单果重最低，为266.3g，人工疏除处理CK4最高，单果重324.6g，喷施浓度为100mg/kg的6-BA处理次之，单果重为323.5g，清水对照处理单果重也较低。这一方面与疏果剂促使果实脱落的时间早晚有关，多余的果实早脱落有助于避免养分消耗；另一方面喷施100mg/kg 6-BA可以显著促进苹果幼果的细胞分裂，增加单果重。果形指数方面，与人工疏果相比，6-BA使果实纵径延长，促进萼端发育，提高果形指数。在供试的3种疏果剂中，喷施150mg/kg 6-BA处理果形指数达到0.89，改善了果实外观品质。另外，喷施乙烯利处理果实硬度偏低，果实成熟度高于其他处理，这与乙烯利促进果实成熟有关。总体来看，与人工疏除对照相比，不同疏果剂处理对苹果果实外观品质无副作用。

表7-12 不同化学疏果剂处理对苹果果实外观品质的影响

处理	单果重（g）	果实硬度（kg/cm^2）	纵径（mm）	横径（mm）	果形指数
N5	302.8±4.75b	8.85±0.9ab	70.13±0.78a	87.12±1.12a	0.84±0.02a
N6	291.7±3.2ab	8.82±1.1ab	71.89±1.21a	85.35±1.08ab	0.86±0.02a

（续）

处理	单果重（g）	果实硬度（kg/cm^2）	纵径（mm）	横径（mm）	果形指数
N7	282.7±4.56b	8.63±1.2ab	64.46±0.65b	85.35±1.23ab	0.79±0.01ab
N8	266.3±3.86c	8.78±0.7ab	69.25±0.89a	85.17±0.98ab	0.85±0.02a
B5	271.4±4.12b	9.17±0.8a	63.79±1.35b	85.56±1.32ab	0.83±0.02a
B6	323.5±3.23a	8.85±1.2ab	68.36±0.97ab	82.48±3.45b	0.87±0.02a
B7	304.3±4.37ab	8.76±0.9ab	64.18±1.21c	72.61±2.34c	0.89±0.01a
B8	301.7±3.29ab	8.89±0.8ab	68.86±0.64ab	83.53±1.56b	0.86±0.02a
E5	295.4±4.56ab	8.31±0.7b	67.38±2.59ab	83.45±3.87b	0.84±0.02a
E6	319.1±6.32a	8.27±0.8b	65.78±0.82b	88.51±3.56a	0.78±0.02ab
E7	305.5±4.13ab	8.16±1.1b	64.63±0.67b	82.23±2.87b	0.82±0.02a
E8	314.6±5.61a	8.05±0.9b	69.83±1.87a	87.42±3.46a	0.83±0.02a
CK3	292.3±3.84ab	8.46±1.2b	65.67±0.76b	85.36±2.34ab	0.80±0.02ab
CK4	324.6±5.61a	8.65±0.9ab	69.89±1.87a	87.92±3.46a	0.83±0.02a

（2）不同疏果剂处理对苹果果实内在品质的影响。从表7-13可以看出，不同疏果剂处理的果实可溶性固形物含量无显著差异，喷施20mg/kg NAA（N8）可溶性固形物含量最低，为11.8%，喷施600mg/kg乙烯利（E7）可溶性固形物含量最高，为13.8%，这与喷施乙烯利促进果实成熟及有利于糖分转化有关。6-BA处理可显著提高果实可溶性糖含量，其可溶性糖含量高于其他处理。各浓度疏果剂处理的果实可滴定酸与对照相比无显著差异，乙烯利处理维生素C含量明显高于人工疏除对照。总体来看，与人工疏除对照相比，化学疏果剂对苹果品质影响不大，且对果实内在品质无副作用。

表7-13　不同疏果剂处理对苹果果实内在品质的影响

处理	可溶性固形物含量（%）	维生素C含量（×10mg/kg）	可溶性糖含量（%）	可滴定酸含量（%）
N5	13.3±1.24a	4.25±0.08b	8.63±1.03b	0.21±0.02a
N6	13.1±0.89a	4.32±0.11b	8.56±0.89b	0.22±0.02a
N7	13.4±2.13a	4.48±0.12b	9.14±1.25ab	0.22±0.02a
N8	11.8±1.3b	4.66±0.07b	9.16±2.08a	0.20±0.02a
B5	13.2±0.78a	4.38±0.15b	9.28±0.78ab	0.22±0.02a
B6	13.7±1.64a	4.29±0.10b	9.36±0.86ab	0.21±0.02a
B7	13.5±1.25a	4.47±0.09b	9.33±1.04ab	0.22±0.02a
B8	13.6±1.12a	4.51±0.07b	9.29±0.91ab	0.21±0.02a
E5	13.2±1.03a	6.87±0.08a	8.28±0.78b	0.20±0.02a
E6	13.3±1.21a	5.69±0.11a	8.35±0.65b	0.21±0.02a
E7	13.8±0.92a	5.43±0.08a	9.24±1.45ab	0.22±0.02a
E8	13.6±0.67a	5.28±0.11a	9.17±1.67a	0.21±0.02a
CK3	13.1±1.39a	4.24±0.09b	9.84±0.73a	0.22±0.02a
CK4	13.7±1.27a	4.38±0.07b	8.56±0.89b	0.21±0.02a

5. 不同疏果剂处理对苹果产量的影响　从图7-9可以看出，浓度为20mg/kg的NAA、浓度为200mg/kg的6-BA、浓度为900mg/kg的乙烯利单株挂果量分别为47个、53个、49个，亩产量分别为1 089.9kg、1 455.2kg、1 366.1kg，均低于清水对照和人工疏除的挂果量和亩产量，表明高浓度的NAA、6-BA和乙烯利有疏果过量的风险，应避免喷施的浓度过高。另外，喷施部分化学疏果剂处理单株挂果量有的虽然降低，但果实单果重有所提高，其他浓度药剂处理亩产量均在1 500kg以上，达到果园生产要求，可以根据目标产量选择使用。

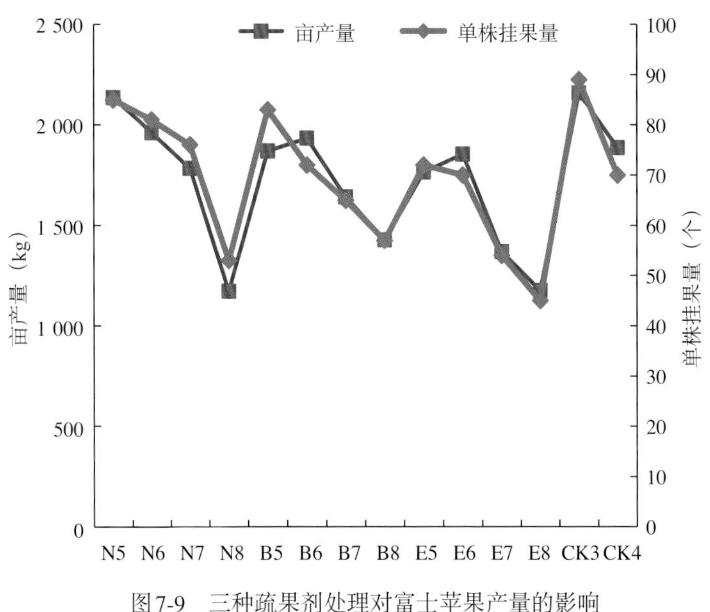

图7-9　三种疏果剂处理对富士苹果产量的影响

第三节　果实套袋技术

一、套袋的作用

套袋栽培可以促进苹果安全生产，提高果品质量，是生产绿色苹果的重要技术。纸袋可以阻隔果面与外界的接触，阻断病虫害的传播途径，减少喷药次数，从而减少农药残留；同时可以增进果实着色，提高果面光洁度；还可以减少鸟类的侵袭，风雨阳光的损伤；而且套袋本身的透气性可产生温室效应，使苹果保持适当的湿度、温度，改善苹果的光泽。

二、果袋的种类和选择

根据苹果的种类和套袋要求不同，所用果袋可以分为双层纸袋、单层纸袋和塑膜袋。双层纸袋外袋为双色袋，外面灰色居多，内面黑色；内层袋为红色涂蜡；两层袋全部遮光，能起到隔绝阳光的作用。单层纸袋分为遮光袋、木浆原色袋和书报纸袋。选择纸袋类型时，要依据品种、立地条件进行。单层遮光袋适合生产高中档的红色品种，木浆原色袋适用于非红色品种，可防果锈，提高果面光洁度。书报纸袋可防止药液污染，防病虫害。塑膜袋为聚乙烯制成，有各种颜色，乳白色适用性最好，套袋后果面光洁，减少农药残留，采摘后不摘袋耐贮藏。还可以按照大小分为大袋和小袋，按照涂布药剂分为防虫袋、杀菌袋和防虫杀菌袋三类。

三、套袋时期与方法

1.套袋时期　苹果品种和套袋的目的不同，套袋时期也不同。一般而言，果实的套袋时期应在生理落果后，结合疏果进行。使用塑膜袋时，套袋早一些，可以减少病虫害，增加产量，促进中、早熟品种提早上市；但套袋过早，日灼果多，不利于幼果补钙。纸袋适合晚套袋，可减少日灼果，有利于果实补钙；但套袋过晚，光洁度差，且摘袋时褪绿不好，果实不鲜艳，呈暗红色。

2.套袋方法　无论纸袋还是塑膜袋，都要做到严封口，不损伤果柄，袋口折叠规整，果实不贴袋。

纸袋：在套袋前1 ～ 2d将整捆纸袋放于潮湿的地方，使纸袋吸湿返潮、柔韧，以防果袋硬脆擦伤果柄和果皮。套袋时，一手托纸袋，一手撑开袋口，选定幼果后，左手食指与中指夹住果柄，右手拖住袋底，从纵向开口处将幼果轻轻放入袋内，使果柄置于

纵向开口基部，幼果悬于袋内，再从袋口两侧依次折叠袋口于切口处，将捆扎丝反转90°，扎紧袋口于折叠处。不要将叶片和副梢套入袋内，不要将捆扎丝缠在果柄上。

塑膜袋：先用嘴吹开袋口和排水口，然后将袋口向中间聚拢，再用玉米皮、棉线或漆包线扎口成火香封口，最后拉展膜袋。

四、摘袋时间与方法

1.摘袋时间　摘袋时间应依据苹果品种、立地条件、气候特点等因素来确定。除袋过早，果实暴露时间长，果皮粗糙，色泽发暗，易发生日灼和轮纹病；除袋太晚，风味淡，且采后易褪色。

红色品种新红星、新乔纳金在海洋性气候、内陆果区，一般于采收前15～20d摘袋；在冷凉或温差大的地区，采收前10～15d摘袋比较适宜。在套袋防止果色过浓的地区，可在采收前7～10d摘袋。较难上色的红色品种红富士、乔纳金等，在海洋性气候、内陆果区，采收前25～30d摘袋；在冷凉地区或温差大的地区采收前15～20d摘袋为宜。黄绿品种，在采收时连同纸袋一起摘下，或采收前5～7d摘袋。不同地区的日照强度和时数不一样，苹果各品种摘袋时期也不一样。日照强度大、日照时数长和晴日多的地区或季节，摘袋时间可距采收期近一些，反之，则应早一些除袋。

摘袋最好在阴天和多云天气进行，应避开日照强烈的晴天，以减少日灼。若在晴天摘袋，为使果实由暗光逐步过渡至散射光，在一天之内，应于上午10～12时去除树冠西部和北部的果实袋，下午2～4时去除树冠东部和南部的果实袋，防止因光照剧变而引发日灼。

2.摘袋方法　套塑膜袋的苹果无须摘袋，可带袋采收直接出售或贮藏。

单层纸袋和内、外层连体袋，在上午12时前和下午4时后，将袋撕成伞形条状罩在果实上，过4～6d后再全去掉。

双层纸袋摘袋时要区分内袋的颜色：内层为红色的双层纸袋，先去掉外层袋，经过5～7个晴天后，于上午10时至下午4时去掉内层袋，以避免果面温差变化过大。如遇阴雨天，摘除内袋的时间应向后推迟。内层为黑色的双层袋，先将外袋底部撕开，取出内层黑袋，再将外袋撕成条状罩在果实上，经过6～7d后，再去掉外袋。纸袋加塑膜袋双套的苹果，只摘除外层纸袋，保留内层膜袋，将来带膜袋采收直至果品销售。摘袋的顺序是：先冠内，后外围；先摘郁闭树，后摘透光树；先摘中低档袋，后摘高档袋。

五、套袋配套管理技术

要生产优质的果实，在套袋的同时，相应的配套技术措施也要跟上，才能达到预期效果。

1.注意增施有机肥，平衡施肥　有机质含量对果实品质有明显的影响，苹果园连年施用有机肥，可增加土壤有机质含量，增强树势，使苹果果面细嫩、光洁，且在其他栽培条件相同的情况下，锈果率、苦痘病病果率低。

注意平衡施肥，不偏施氮肥，特别是果实生长后期应不施或少施氮肥，增施磷、钾肥。施氮肥过多，在7、8月，叶片含氮量超过2.5%时，果实着色不良。

2.合理整形修剪　果园过密，枝量过大，不但产量下降，而且优质果率降低，套袋后达不到增进着色的预期目的。所以要按照生产高档苹果的要求，疏除过多大枝，保持树体适宜枝量，促进果

实着色，提高优质果率。优质果园每亩枝量以7万～9万条为宜。

3.严格疏花疏果　挂果量大时，会影响套袋的效果，使着色不明显。应对果树进行疏花疏果，以增加产量。套袋时应选择侧向果、下垂果，不留或少留背上果或背下果。选择着生在3～15m长中短枝上果形端正、高桩、萼顶居中的下垂中心果套袋。

4.病虫害防治　防治果实病虫害主要在套袋前进行，套袋后主要是防治叶部病虫害。同时套袋后，会影响果实对钙的吸收，因为钙的吸收主要靠蒸腾拉力，而套袋后，果实蒸发减弱，不利于钙向果实的运输，且果实中的钙主要是花后幼果间积累的，所以，套袋果在套袋前应注意补充钙，以防止苦痘病等生理性病害的发生。

第四节　果实增色技术

一、摘叶

摘叶的目的是提高果实的受光面积，提高果面对直射光的利用率。太阳直射光对果实红色发育有较大影响，摘去直接遮盖果实的叶片，可使苹果着色面积增加15%左右。一般在果实采收前20～30d分3次进行，摘叶过早，虽着色好，但对果实增大不利，影响产量，还会降低树体贮藏营养的水平；摘叶过晚则达不到预期目的。在摘除老叶的同时还可以对枝叶过密的部位进行疏剪，但总摘叶量不能超过总叶量的20%～30%。所以，摘叶是增进果实品质，生产精品果和优质果的重要技术措施。

二、转果

转果是在果实阳面着色后，将果实转一下，使阴面着色。转果后，果实着色全面、均匀、艳丽。一般在采果前2周左右，人工逐个转动果实或枝条的位置，使果实阴面逐渐转向阳面。必要时可将结果枝夹在树杈处以防回位，也可通过转枝或吊枝起到转果的作用，还可用透明胶布固定果实。转果时应顺同一个方向进行，否则，转来转去，果柄易脱落。转果易在早晚进行，避开阳光暴晒的中午，以防日灼。通过转果可使果实着色指数提高20%左右。

三、吊枝

果实生长后期，随着果实的增大，小主枝下垂从而影响光照。吊枝是防止果实压冠、内膛受光不良，促进内膛果实着色的一项技术措施。一般是将下垂枝用绳绑在上层主枝或主干上，将下层主枝吊起，使角度达到原生长角度，对树冠中的下层枝也可采用撑枝的方法。

四、树下铺反光膜

树下铺反光膜的主要作用是改善树冠内膛和下部的光照条件，主要解决树冠下部果实和果实萼洼部位着色不良的问题。铺膜宜在果实着色初期进行。铺膜前先修整树盘，除去树盘间的杂草，打碎土块并修平整，然后在树冠的中外部覆盖反光膜。常用的反光膜有银色反光塑料薄膜和GS-2型果树专用反光膜，一般可使用3～5年。在采果前，可清理银色反光膜上的杂物并将其小心揭起，清洗干净，以备下年使用。

第八章 病虫害综合防治技术

第一节 苹果绿色防控现状调查

本书关于苹果绿色防控现状调查数据来源于2017—2018年江苏丰县梁寨、师寨、大沙河以及宋楼等4个镇的13个苹果种植村。调查内容包括农户的基本信息、生产经营情况以及果园病虫害防治及管理情况。本次调查以问卷调查、集中访谈为主，田间调查法为辅。

问卷调查内容见附录2。

一、农户基本信息调查

对被调查的苹果种植户主要负责人基本情况进行调查和统计。

调查结果表明，种植户负责人基本为男性，平均年龄为56.8岁，文化水平偏低，高中水平以上仅占总人数的24.6%，且党员和村干部比较少（表8-1）。

表8-1 苹果种植户主要负责人基本情况调查

调查内容	选项	数量（人）	比重（%）
性别	男	49	86.0
	女	8	14.0

（续）

调查内容	选项	数量（人）	比重（%）
年龄（岁）	40 ~ 44	3	5.3
	45 ~ 49	10	17.5
	50 ~ 54	12	21.1
	55 ~ 59	11	19.3
	60 ~ 64	9	15.8
	65 ~ 69	6	10.5
	⩾70	6	10.5
平均年龄（岁）		56.8	
教育程度	未受教育	6	10.5
	小学	11	19.3
	初中	26	45.6
	高中及以上	14	24.6
是否党员/村干部	党员/村干部	7/0	12.3
	非党员/村干部	50/0	87.7

二、生产经营情况调查

生产经营情况主要是调查种植户近两年苹果产收情况以及苹果生产资料成本情况，从而分析种植苹果的经济效益。

调查结果表明，苹果种植户平均每户种植面积为6.6亩，2017年丰收，苹果售价较低，2018年，由于4月初花期冻害和8月“温比亚”台风的影响，该地区苹果产量大幅度下降，虽然收购价有所提升，但种植户的年收入降低（表8-2）。

表8-2 2017—2018年苹果生产收入情况统计

年份	户数	平均每户亩数	平均每户亩产量（斤①）	平均每户总产量（斤）	平均每斤售价（元）	平均每亩毛收入（元）	平均每户年总收入（元）
2017	57	6.6	4 012.1	25 677.2	1.2	4 907.2	31 526.4
2018	57	6.6	1 945.4	12 450.9	2.2	4 261.4	27 377.8

① 斤为非法定计量单位，1斤=500g。后同。

由于极端天气的影响，该地区苹果种植户的生产资料成本也有所改变，农药、肥料以及套袋等主要生产资料成本大幅度下降，但生产资料成本占总成本比重基本保持不变，农药和肥料依旧是生产资料成本的重要构成部分，均占总成本的40%左右（表8-3）。

表8-3 2017—2018年苹果种植平均每亩生产资料成本统计

生产资料	户数	成本（元/亩）		占总成本比重（%）	
		2017年	2018年	2017年	2018年
农药	57	433.6	288.4	37.4	47.0
肥料	57	505.8	234.8	43.7	38.3
套袋	57	188.1	61	16.2	9.9
反光膜（仅统计使用种植户）	1	250	250	—	—
灌溉（仅统计使用种植户）	6	56.6	35.2	—	—
固定资产折旧	57	20.9	20.9	1.8	3.4
总计		1 158.7	613.2		

三、果园病虫害防治及管理调查

针对果园病虫害防治及管理情况，主要从种植园中发生的病虫害现状、防治方法和喷药情况等方面进行调查。

调查结果表明，该地区苹果种植园中，病害中最严重的是斑点落叶病和轮纹病，均达到调查总数的1/3以上，腐烂病和炭疽病也比较严重。虫害比病害危害更大，超过60%的苹果种植园中均受到梨小食心虫、绣线菊蚜以及山楂叶螨的侵害（表8-4、表8-5）。

表8-4　主要发生病害统计

项目	炭疽病	白粉病	褐斑病	斑点落叶病	轮纹病	腐烂病	花叶病	锈病	枯叶病	干腐病
农户数	18	3	9	44	25	19	7	1	1	1
农户比例（%）	31.6	5.3	15.8	77.2	43.9	33.3	12.3	1.8	1.8	1.8

表8-5　主要发生虫害统计

项目	梨小食心虫	顶梢卷叶蛾	苹果小卷叶蛾	金纹细蛾	苹果绵蚜	绣线菊蚜	绿盲蝽	山楂叶螨	白蜘蛛
农户数	36	6	3	2	12	35	20	43	2
农户比例（%）	63.2	10.5	5.3	3.5	21.1	61.4	35.1	75.4	3.5

四、苹果病虫害防治行为调查

1.防治方法调查　对该地区苹果种植户如何防治病虫害也进行了一系列调查。调查结果表明，所有种植户均采用化学防治，而农业防治和物理防治仅均有17.5%的种植户采用，没有一家种植户采用生物防治（表8-6）。

表8-6　防治方法统计

项目	农业防治	物理防治	化学防治	生物防治
农户数	10	10	57	0
农户比例（%）	17.5	17.5	100.0	0.0

2.化学防治次数和时间调查　对苹果种植户化学防治次数与时间进行调查统计。调查结果表明，该地区苹果种植户喷药次数差距不明显。大多数种植户选择在3月末4月初进行首次喷药；而末次喷药由于其所种品种不同，采收期有所差异，故差异较大。苹果摘袋后基本不再喷洒农药（表8-7至表8-10）。

表8-7　2017—2018年种植户平均喷药次数统计

项目	≤8次	9次	10次	11次	12次	≥13次
农户数	13	6	21	2	9	6
农户比例（%）	23	11	37	4	16	11
平均喷药次数	10.1					

表8-8　首次喷药时间统计

项目	3月上旬	3月中旬	3月下旬	4月上旬	4月中旬	4月下旬
农户数	1	3	26	23	3	1
农户比例（%）	1.8	5.3	45.6	40.4	5.3	1.8

表8-9　末次喷药时间统计

项目	7月中旬	8月下旬	9月上旬	9月下旬	10月上旬	10月中旬	10月下旬	11月上旬
农户数	1	3	2	18	14	4	14	1
农户比例（%）	1.8	5.3	3.5	31.6	24.6	7.0	24.6	1.8

表8-10　摘袋后喷药次数统计

项目	0	1
农户数	56	1
农户比例（%）	98.2	1.8

3.化学防治行为调查　进一步对苹果种植户购药途径、农药的喷施依据、配方及喷药所用器械进行调查。调查结果显示，大部分农户去农用物资商店购买化学农药，达到调查总人数的96.5%（表8-11）。对于农药的喷施依据，过半数的农户选择根据当年自己果园中的具体情况进行喷施，同时也有超过1/4的农户会按照苹果种植周年工作历进行安排。另外，也有24.6%的种植户选择依照往年经验喷施，而咨询专家或者模仿他人的农户则非常少。农药喷施依据并非单一选项，部分种植户也会同时选择多种方式作为其喷施依据（表8-12）。

表8-11　购买农药途径统计

项目	农用物资商店	网上购买	来村推销的农药公司	其他
农户数	55	0	1	1
农户比例（%）	96.5	0.0	1.8	1.8

表8-12　农药喷施依据统计

项目	咨询专家	按苹果种植工作历	按往年经验	仿照他人	根据园中具体病虫害情况
农户数	4	16	14	1	30
农户比例（%）	7.0	28.1	24.6	1.8	52.6

通过调查农药配制方法，超过50%的农户选择农药销售店的配制方法，还有一部分农户按个人经验配制农药，仅有4户按药剂说明配制（表8-13）。喷药器械方面，已有超过80%的种植户使用机动式喷雾器（表8-14）。

表8-13　农药配制方法统计

项目	按个人经验	仿照他人	按农药销售店方法	按药剂说明
农户数	20	0	33	4
农户比例（%）	35.1	0.0	57.9	7.0

表8-14　喷药器械统计

项目	机动式喷雾器	电动式喷雾器	手摇式喷雾器
农户数	48	8	1
农户比例（%）	84.2	14.0	1.8

由整体调查可以看出，该地区种植户过度依赖于化学手段防治，对生物和物理防控应用较少。长期不合理使用化学农药会对生态环境、人类健康以及生物多样性造成严重危害，应该更广泛地宣传苹果绿色防控技术。农用物资商品店是宣传绿色防控的最佳场所，苹果种植户可以在购买农用物资的同时，更加详细地了解苹果种植的相关内容，从而更有效、更有针对性地推动绿色防控技术体系的发展。

第二节　苹果主要病虫害发生规律调查

为了解和掌握在较高防治水平中，苹果园的主要病虫害发生情况，于2018年4 ~ 10月对江苏丰县梁寨镇苹果矮化自根砧生产园进行了长期追踪调查。对园区内固定区域进行定点监测，调查周期为每7d一次，如遇雨水天气则顺延。

一、虫害调查

虫害调查对象为苹果绵蚜、绿盲蝽、梨小食心虫、绣线菊蚜以及山楂叶螨，在苹果树落花后，每7d进行一次调查，调查方法为5点取样调查法，即在一定范围内先将对角线的中点确定为苹果树的中心调查取样点，再在对角线上选取4个与中心样点距离均为20m的点作为其余调查取样点。每一个抽样调查点选择10株树，共计50株苹果树，并悬挂标记牌进行标记。采用虫株率作为虫害率进行统计，即发现虫害的株数与总调查株数的比值。在每个调查点的每株标记树中随机选择距地面90 ～ 150cm范围内东、南、西、北4个不同方向上的分枝，仔细观察监测该分枝上的所有叶、梢、果实，定期调查是否有虫害发生，并完成记录。

根据调查结果显示，绣线菊蚜出现时间最长，数目最多，危害程度最大，需引起苹果种植户的注意，果园内对于山楂叶螨的防治较为重视，防治工作积极，因此发现数量极少。绿盲蝽5 ～ 6月危害较重，自6月下旬，便不再有该虫害。梨小食心虫与苹果绵蚜为果园重点防治对象，在果园日常管理中，其防治工作准备完善，因此在本次调查中仅在6 ～ 8月偶有发现梨小食心虫，且发现数量极少，而苹果绵蚜则在全年调查中均未发现。在调查过程中，其他虫害也有发现，如苹果小卷叶蛾、苹果瘤蚜等，但发生数量极少，未对果园苹果正常生长造成危害（表8-15、表8-16）。

表8-15　2018年主要虫害年度消长情况调查统计

调查日期（年-月-日）	虫害发生株率（%）				
	绣线菊蚜	山楂叶螨	绿盲蝽	梨小食心虫	苹果绵蚜
2018-4-8	0.0	0.0	0.0	0.0	0.0
2018-4-15	2.0	2.0	0.0	0.0	0.0

（续）

调查日期（年-月-日）	虫害发生株率（%）				
	绣线菊蚜	山楂叶螨	绿盲蝽	梨小食心虫	苹果绵蚜
2018-4-22	2.0	2.0	2.0	0.0	0.0
2018-4-29	4.0	2.0	4.0	0.0	0.0
2018-5-7	4.0	0.0	4.0	0.0	0.0
2018-5-12	6.0	2.0	4.0	0.0	0.0
2018-5-20	10.0	4.0	8.0	0.0	0.0
2018-5-27	12.0	4.0	2.0	0.0	0.0
2018-6-4	18.0	4.0	4.0	0.0	0.0
2018-6-11	18.0	6.0	2.0	2.0	0.0
2018-6-18	12.0	2.0	2.0	2.0	0.0
2018-6-28	14.0	4.0	0.0	0.0	0.0
2018-7-6	6.0	2.0	0.0	2.0	0.0
2018-7-14	4.0	4.0	0.0	0.0	0.0
2018-7-20	2.0	6.0	0.0	2.0	0.0
2018-7-31	2.0	4.0	0.0	2.0	0.0
2018-8-7	2.0	2.0	0.0	0.0	0.0
2018-8-15	2.0	2.0	0.0	2.0	0.0
2018-9-1	0.0	0.0	0.0	0.0	0.0
2018-9-8	0.0	0.0	0.0	0.0	0.0
2018-9-15	0.0	0.0	0.0	0.0	0.0
2018-9-23	0.0	0.0	0.0	0.0	0.0
2018-9-30	2.0	0.0	0.0	0.0	0.0
2018-10-6	4.0	0.0	0.0	0.0	0.0
2018-10-13	8.0	0.0	0.0	0.0	0.0

表8-16　2018年主要虫害种类及危害程度

目	科	种	危害部位	危害程度
同翅目	蚜科	绣线菊蚜	叶、枝	+++
蜱螨目	叶螨科	山楂叶螨	叶	++
半翅目	盲蝽科	绿盲蝽	叶、花、果	++
鳞翅目	卷蛾科	梨小食心虫	果、枝干	+
同翅目	绵蚜科	苹果绵蚜	枝干、根	—

二、病害调查

病害的调查对象为褐斑病、轮纹病与斑点落叶病。苹果树病害的调查和虫害调查同步进行，均采用5点取样法，由于病害发生部位不同，为便于统计及对比分析，采用病株率（即有病害发生的株数与总调查株数的比值）作为该病害的发病率进行统计。叶部、果实病害与虫害调查类似，枝干病害则直接对苹果树主干进行观测。

调查研究表明，褐斑病于6月上旬出现，其发生于叶片部位，病斑呈现针芒放射状。6月下旬起，褐斑病发生率上升，直至10月危害程度出现减弱迹象。该病害造成果园内部分落叶发生。果园内斑点落叶病未出现大面积发生现象，自5月上旬起，有小部分叶片出现点状病斑，在8月下旬雨水过后，发病率明显上升，随后落叶数量增多，树体上的病叶数量逐渐下降。该果园内轮纹病主要对果树枝干部位造成危害，且危害程度相对较高，受侵害果树主干表皮粗糙，并呈现瘤状突起，且于9月发现病斑附近偶有开裂翘起现象（表8-17、表8-18）。

表8-17　2018年病害年度消长情况调查统计

调查日期（年-月-日）	病害发生株率（%）			
	褐斑病	斑点落叶病	枝干轮纹病	果实轮纹病
2018-4-8	0.0	0.0	16	0.0
2018-4-15	0.0	0.0	16	0.0
2018-4-22	0.0	0.0	16	0.0
2018-4-29	0.0	0.0	16	0.0
2018-5-7	0.0	0.0	16	0.0
2018-5-12	0.0	2.0	16	0.0
2018-5-20	0.0	6.0	16	0.0
2018-5-27	0.0	6.0	16	0.0
2018-6-4	2.0	8.0	16	0.0
2018-6-11	2.0	2.0	16	0.0
2018-6-18	6.0	4.0	16	0.0
2018-6-28	10.0	2.0	16	0.0
2018-7-6	12.0	2.0	16	0.0
2018-7-14	8.0	6.0	16	0.0
2018-7-20	14.0	4.0	16	0.0
2018-7-31	12.0	2.0	16	0.0
2018-8-7	14.0	4.0	16	0.0
2018-8-15	12.0	6.0	16	0.0
2018-9-1	12.0	10.0	16	0.0
2018-9-8	10.0	6.0	16	0.0
2018-9-15	14.0	4.0	16	0.0
2018-9-23	12.0	4.0	16	0.0
2018-9-30	10.0	6.0	16	0.0
2018-10-6	8.0	2.0	16	0.0
2018-10-13	8.0	2.0	16	0.0

表8-18　丰县梁寨镇黄河故道现代果业生产示范园区
2018年主要病害种类及危害程度

病害类型	病害名称	危害部位	危害程度
真菌病害	褐斑病	叶、果	++
真菌病害	斑点落叶病	叶、果	++
真菌病害	轮纹病	枝干	+++
真菌病害	轮纹病	果	—

在病虫害防治上，该园区主要采取了化学防治、生物防治以及农业防治相结合的手段，综合运用化学药剂、生物源药剂喷施以及清园、生草等措施，科学合理地对病虫害进行了有效防控。对于其在病虫害防控上具有优良效果的措施，可作为丰县地区苹果生产的病虫害防治关键技术进行普及与推广；而现阶段该果园内仍存在具有一定危害程度的病虫害，需对其防控措施进行进一步的优化和改良，为今后该果园乃至整个丰县地区的苹果优质高效生产提供更适宜、更有效的解决方案。

第三节　苹果病虫害防治农药使用及果实农药残留检测调查

在苹果生产过程中，农药喷施与残留情况与果品的质量安全息息相关，为了解其情况，在江苏丰县梁寨、师寨、大沙河以及宋楼4个镇中各选择了一个具有代表性的种植户，并对其2018年度果园具体农药喷施情况进行了详细的记录；同时对其果实进行采样，并进行农药残留量测定。

一、农药喷施记录

从调查结果可看出，各乡镇果园在苹果生产过程中对农药的种类、农药喷施时间的选择基本相似，且在药品的选择上针对性十分明确，效果较好（表8-19至表8-22）。

表8-19 梁寨镇选定种植户2018年苹果生产农药喷施记录

次数	日期	防治对象	药品	含量	稀释倍数	农药类型
1	4月1日	斑点落叶病	苯醚甲环唑	10%	1 500	杀菌剂
		蚜虫类	吡虫啉	70%	8 000	杀虫剂
		介壳虫	毒死蜱	40%	1 000	杀虫剂
2	4月20日	轮纹病、褐斑病、斑点落叶病	吡唑醚菌酯	5%	1 000	杀菌剂
			代森联	55%	1 000	杀菌剂
		轮纹病、炭疽病	甲基硫菌灵	50%	500	杀菌剂
		蚜虫类、白粉虱、绿盲蝽	噻虫嗪	25%	2 000	杀虫剂
		食心虫、蚜虫类	高效氯氟氰菊酯	10%	2 500	杀虫剂
		红蜘蛛	螺螨酯	24%	2 000	杀虫剂
3	4月23日	轮纹病、褐斑病、斑点落叶病	吡唑醚菌酯	5%	1 000	杀菌剂
			代森联	55%	1 000	杀菌剂
		轮纹病、炭疽病	甲基硫菌灵	50%	700	杀菌剂
		蚜虫类、绿盲蝽	高效氯氟氰菊酯	9.4%	2 000	杀虫剂
			噻虫嗪	12.6%	2 000	杀虫剂
		红蜘蛛、全爪螨	螺螨酯	18%	2 000	杀虫剂
			阿维菌素	2%	2 000	杀虫剂
4	4月29日	轮纹病、褐斑病、斑点落叶病	吡唑醚菌酯	25%	2 500	杀菌剂
		轮纹病	戊唑醇	43%	2 500	杀菌剂
		蚜虫类、白粉虱、绿盲蝽	噻虫嗪	30%	2 500	杀虫剂
		食心虫、蚜虫类	高效氯氟氰菊酯	10%	2 500	杀虫剂

（续）

次数	日期	防治对象	药品	含量	稀释倍数	农药类型
5	5月17日	轮纹病、褐斑病、斑点落叶病	吡唑醚菌酯	25%	2 500	杀菌剂
		斑点落叶病	苯醚甲环唑	40%	6 250	杀菌剂
		卷叶虫、食心虫、潜叶蛾、尺蠖	苏云金杆菌	8 000 IU/μL	1 660	杀虫剂
		蚜虫类、绿盲蝽	吡虫啉	70%	8 000	杀虫剂
6	6月3日	轮纹病、褐斑病、斑点落叶病	吡唑醚菌酯	25%	2 500	杀菌剂
		轮纹病	戊唑醇	43%	2 500	杀菌剂
		食心虫、尺蠖、金纹细蛾、甜菜夜蛾	甲氨基阿维菌素苯甲酸盐	5%	3 500	杀虫剂
		红蜘蛛	螺螨酯	24%	2 500	杀虫剂
		红蜘蛛	阿维菌素	0.2%	2 500	杀虫剂
			哒螨灵	7.8%	2 500	杀虫剂
7	6月24日	轮纹病、褐斑病、斑点落叶病	吡唑醚菌酯	25%	2 500	杀菌剂
		轮纹病	戊唑醇	43%	2 500	杀菌剂
		食心虫、尺蠖、金纹细蛾、甜菜夜蛾	高效氯氰菊酯	4%	1 250	杀虫剂
			甲氨基阿维菌素苯甲酸盐	1%	1 250	杀虫剂
		红蜘蛛、螨类	联苯肼酯	30%	5 000	杀虫剂
			乙螨唑	15%	5 000	杀虫剂
		红蜘蛛、螨类	阿维菌素	0.1%	5 000	杀虫剂
			甲氰菊酯	2.7%	5 000	杀虫剂
8	7月24日	轮纹病、褐斑病、斑点落叶病	吡唑醚菌酯	25%	2 500	杀菌剂
		斑点落叶病	苯醚甲环唑	40%	6 250	杀菌剂
		卷叶虫、食心虫、潜叶蛾、尺蠖	苏云金杆菌	8 000 IU/μL	3 300	杀虫剂

（续）

次数	日期	防治对象	药品	含量	稀释倍数	农药类型
8	7月24日	红蜘蛛、白粉虱、金纹细蛾	阿维菌素	5%	5 000	杀虫剂
9	9月1日	白粉病	己唑醇	10%	2 500	杀菌剂
		斑点落叶病	丙森锌	70%	700	杀菌剂
		斑点落叶病	代森锰锌	80%	700	杀菌剂
		斑点落叶病	宁南霉素	8%	600	杀菌剂
		斑点落叶病、轮纹病	宁南霉素	2%	1 250	杀菌剂
			戊唑醇	28%	1 250	杀菌剂
		轮纹病、炭疽病	甲基硫菌灵	50%	700	杀菌剂
		轮纹病、褐斑病、斑点落叶病	吡唑醚菌酯	25%	2 500	杀菌剂
		轮纹病	戊唑醇	43%	2 500	杀菌剂

表8-20　大沙河镇选定种植户2018年苹果生产农药喷施记录

次数	日期	防治对象	药品	含量	稀释倍数	农药类型
1	4月28日	红蜘蛛、白粉虱、金纹细蛾	阿维菌素	5%	5 000	杀虫剂
		轮纹病、炭疽病、斑点落叶病	吡唑醚菌酯	5%	2 000	杀菌剂
			代森联	55%	2 000	杀菌剂
		蚜虫类	吡虫啉	70%	8 000	杀虫剂
		红蜘蛛	哒螨灵	15%	3 000	杀虫剂
		食心虫、蚜虫类	高效氯氟氰菊酯	5%	2 000	杀虫剂
2	5月10日	蚜虫类	吡虫啉	70%	8 000	杀虫剂
		斑点落叶病、轮纹病	噁唑菌酮	6.25%	1 500	杀菌剂
			代森锰锌	62.50%	1 500	杀菌剂
		白粉病、锈病	多菌灵	50%	500	杀菌剂
		金纹细蛾	氟铃脲	10%	2 000	杀虫剂

（续）

次数	日期	防治对象	药品	含量	稀释倍数	农药类型
3	5月20日	轮纹病、炭疽病	甲基硫菌灵	50%	600	杀菌剂
		斑点落叶病	丙森锌	70%	2 000	杀菌剂
		蚜虫类	吡虫啉	70%	8 000	杀虫剂
		食心虫、蚜虫类	高效氯氟氰菊酯	5%	2 000	杀虫剂
4	6月10日	斑点落叶病	代森锰锌	80%	800	杀菌剂
		轮纹病	戊唑醇	43%	4 000	杀菌剂
		苹果绵蚜	毒死蜱	48%	1 500	杀虫剂
5	6月25日	轮纹病	波尔多液	80%	1 200	杀菌剂
6	7月10日	斑点落叶病	代森锰锌	80%	800	杀菌剂
		轮纹病、褐斑病、斑点落叶病	吡唑醚菌酯	25%	1 500	杀菌剂
		红蜘蛛	哒螨灵	15%	3 000	杀虫剂
7	7月25日	斑点落叶病	代森锰锌	80%	800	杀菌剂
		白粉病、锈病	多菌灵	50%	500	杀菌剂
		轮纹病、炭疽病	甲基硫菌灵	50%	600	杀菌剂
		食心虫、潜叶蛾、尺蠖	虫酰肼	20%	2 000	杀虫剂
8	8月10日	斑点落叶病	代森锰锌	80%	800	杀菌剂
		轮纹病	波尔多液	80%	1 200	杀菌剂
		食心虫、蚜虫类	高效氟氯氰菊酯	5%	2 000	杀虫剂
9	8月25日	斑点落叶病、轮纹病	噁唑菌酮	6.25%	1 500	杀菌剂
			代森锰锌	62.50%	1 500	杀菌剂
		白粉病、锈病	多菌灵	50%	500	杀菌剂
10	9月10日	斑点落叶病	代森锰锌	80%	800	杀菌剂
		轮纹病、褐斑病、斑点落叶病	吡唑醚菌酯	25%	1 500	杀菌剂

（续）

次数	日期	防治对象	药品	含量	稀释倍数	农药类型
11	9月25日	炭疽病、轮纹病、斑点落叶病	溴菌腈	25%	2 000	杀菌剂
		轮纹病、褐斑病、斑点落叶病	吡唑醚菌酯	25%	1 500	杀菌剂
		斑点落叶病	苯醚甲环唑	40%	3 000	杀菌剂
12	10月10日	轮纹病	波尔多液	80%	1 200	杀菌剂
		斑点落叶病	代森锰锌	80%	800	杀菌剂
13	10月20日	斑点落叶病	丙森锌	70%	2 000	杀菌剂

表8-21　师寨镇选定种植户2018年苹果生产农药喷施记录

次数	日期	防治对象	药品	含量	稀释倍数	农药类型
1	4月18日	轮纹病、炭疽病、斑点落叶病	吡唑醚菌酯	5%	1 500	杀菌剂
			代森联	55%	1 500	杀菌剂
		轮纹病、炭疽病	甲基硫菌灵	70%	800	杀菌剂
		蚜虫类	吡虫啉	70%	7 000	杀虫剂
		食心虫、蚜虫类	高效氯氟氰菊酯	2.5%	3 000	杀虫剂
		红蜘蛛	螺螨酯	15%	4 000	杀虫剂
			哒螨灵	20%	4 000	杀虫剂
2	4月28日	蚜虫类	高效氯氟氰菊酯	9.4%	5 000	杀虫剂
			噻虫嗪	12.6%	5 000	杀虫剂
3	5月10日	轮纹病、炭疽病、斑点落叶病	吡唑醚菌酯	5%	1 500	杀菌剂
			代森联	55%	1 500	杀菌剂
		轮纹病、炭疽病	甲基硫菌灵	50%	600	杀菌剂
		蚜虫类	高效氯氟氰菊酯	22%	5 000	杀虫剂
			噻虫嗪	12.6%	5 000	杀虫剂
		金纹细蛾	灭幼脲	25%	1 000	杀虫剂

（续）

次数	日期	防治对象	药品	含量	稀释倍数	农药类型
4	5月23日	轮纹病、炭疽病、斑点落叶病	吡唑醚菌酯	5%	1 500	杀菌剂
			代森联	55%	1 500	杀菌剂
		斑点落叶病	苯醚甲环唑	40%	6 000	杀菌剂
		蚜虫类	高效氯氟氰菊酯	9.4%	5 000	杀虫剂
			噻虫嗪	12.6%	5 000	杀虫剂
		红蜘蛛	螺螨酯	15%	2 500	杀虫剂
			哒螨灵	20%	2 500	杀虫剂
5	6月4日	轮纹病	戊唑醇	43%	2 500	杀菌剂
		斑点落叶病	代森锰锌	80%	6 000	杀菌剂
		介壳虫	毒死蜱	48%	1 000	杀虫剂
		螨类、苹果绵蚜	单甲脒盐酸盐	25%	2 500	杀虫剂
6	6月22日	白粉病、斑点落叶病	苯醚甲环唑	5%	1 500	杀菌剂
			氟唑菌酰胺	7%	1 500	杀菌剂
		红蜘蛛、全爪螨	螺螨酯	18%	2 500	杀虫剂
			阿维菌素	2%	2 500	杀虫剂
		蚜虫类、白粉虱	三唑磷	20%	1 000	杀虫剂
		小卷叶蛾	甲氧虫酰肼	24%	4 000	杀虫剂
		螨类、苹果绵蚜	单甲脒盐酸盐	25%	2 500	杀虫剂
7	7月2日	轮纹病	波尔多液	80%	1 200	杀菌剂
		斜纹夜蛾	丙溴磷	72%	2 000	杀虫剂
		螨类、苹果绵蚜	单甲脒盐酸盐	25%	2 500	杀虫剂
8	7月23日	斑点落叶病	代森联	70%	700	杀菌剂
		轮纹病	戊唑醇	43%	2 500	杀菌剂
		小卷叶蛾、桃小食心虫	高效氯氟氰菊酯	14%	4 000	杀虫剂
			氯虫苯甲酰胺	9.3%	4 000	杀虫剂

（续）

次数	日期	防治对象	药品	含量	稀释倍数	农药类型
9	8月9日	轮纹病	波尔多液	80%	1 200	杀菌剂
		斜纹夜蛾	丙溴磷	72%	2 000	杀虫剂
		螨类、苹果绵蚜	单甲脒盐酸盐	25%	2 500	杀虫剂
10	9月2日	轮纹病、炭疽病、斑点落叶病	吡唑醚菌酯	5%	1 500	杀菌剂
			代森联	55%	1 500	杀菌剂
		斑点落叶病	苯醚甲环唑	40%	6 000	杀菌剂
		苹果蠹蛾、苹小食心虫	甲氧虫酰肼	24%	5 000	杀虫剂
		食心虫、尺蠖、金纹细蛾、甜菜夜蛾	甲维盐	5%	5 000	杀虫剂
11	9月26日	轮纹病、炭疽病、斑点落叶病	吡唑醚菌酯	5%	2 000	杀菌剂
			代森联	55%	2 000	杀菌剂
		轮纹病、炭疽病	甲基硫菌灵	50%	800	杀菌剂
		蚜虫类	高效氯氟氰菊酯	9.4%	5 000	杀虫剂
			噻虫嗪	12.6%	5 000	杀虫剂
		红蜘蛛	炔螨特	73%	1 200	杀虫剂

表8-22 宋楼镇选定种植户2018年苹果生产农药喷施记录

次数	日期	防治对象	药品	含量	稀释倍数	农药类型
1	3月20日	红蜘蛛、褐腐病、腐烂病、介壳虫	石硫合剂	29%	1 000	杀虫剂
2	4月22日	轮纹病、炭疽病	甲基硫菌灵	50%	600	杀菌剂
		斑点落叶病	代森锰锌	80%	700	杀菌剂
		蚜虫类	吡虫啉	70%	8 000	杀虫剂
3	5月5日	斑点落叶病	丙森锌	70%	700	杀菌剂
		斑点落叶病	苯醚甲环唑	40%	6 250	杀菌剂
		金纹细蛾	灭幼脲	25%	1 000	杀虫剂
		食心虫、蚜虫类	高效氯氟氰菊酯	10%	2 500	杀虫剂

（续）

次数	日期	防治对象	药品	含量	稀释倍数	农药类型
4	5月20日	轮纹病、褐斑病、斑点落叶病	吡唑醚菌酯	25%	2 500	杀菌剂
		食心虫、蚜虫类	高效氯氟氰菊酯	10%	2 500	杀虫剂
		轮纹病、褐斑病、斑点落叶病	吡唑醚菌酯	5%	1 000	杀菌剂
			代森联	55%	1 000	杀菌剂
5	6月10日	轮纹病	波尔多液	80%	1 200	杀菌剂
		介壳虫	毒死蜱	48%	1 000	杀虫剂
		红蜘蛛、白粉虱、金纹细蛾	阿维菌素	5%	5 000	杀虫剂
6	6月30日	斑点落叶病	代森锰锌	80%	700	杀菌剂
		轮纹病、炭疽病	甲基硫菌灵	50%	600	杀菌剂
		蚜虫类、白粉虱	三唑磷	20%	1 000	杀虫剂
7	7月15日	轮纹病	波尔多液	80%	1 200	杀菌剂
		斑点落叶病	代森联	70%	700	杀菌剂
		轮纹病、褐斑病、斑点落叶病	吡唑醚菌酯	25%	2 500	杀菌剂
8	8月10日	轮纹病	戊唑醇	43%	2 500	杀菌剂
		食心虫、尺蠖、金纹细蛾、甜菜夜蛾	甲氨基阿维菌素苯甲酸盐	5%	3 500	杀虫剂
		斑点落叶病	代森锰锌	80%	700	杀菌剂
9	9月1日	轮纹病	波尔多液	80%	1 200	杀菌剂
		斑点落叶病	代森锰锌	80%	700	杀菌剂
10	9月25日	白粉病	己唑醇	10%	2 500	杀菌剂
		食心虫、尺蠖、金纹细蛾、甜菜夜蛾	高效氯氰菊酯	4%	1 250	杀虫剂
			甲氨基阿维菌素苯甲酸盐	1%	1 250	杀虫剂
		轮纹病、炭疽病	甲基硫菌灵	50%	600	杀菌剂

二、果实农药残留测定

进一步对所选4户种植园进行果实采样，并委托上海复昕化工技术服务有限公司进行果实农药残留量测定，检测标准均按照我国食品安全国家标准（GB 2763）执行。检测农药种类合计191种，具体检测农药种类及报告限详见附录3。

在对所采样的果实进行农药残留检测后发现，各果园生产的果实农药残留量均远低于GB 2763所规定的最大限量标准，符合我国食品安全国家标准食品中农药最大残留限量要求，因此，其对于消费者而言具有较高的果品安全保障。

第四节　绿色防控措施

病虫害在生产中通常会对苹果产业的发展造成很严重的负面影响，轻则落叶、落果，影响产量，重则破坏树体，导致树体死亡、绝收等情况发生，甚至使整个果园全部毁灭。近年来，人们越来越注重生活质量，使得食品健康问题成为人们关注的热点话题。人们对无污染的绿色水果需求量越来越大，之前，在苹果生产过程中大量进行化学防治，造成农药残留的问题，也越来越引起消费者的重视，绿色安全优质果品生产技术成为现代果园急需的技术措施。因此，采用绿色防控技术来防治病虫害成为一种必然趋势。

一、化学防治

化学防治是指利用化学药剂（包括杀虫剂、杀菌剂、杀螨剂等）来对农产品生产造成危害的病虫害进行防治的方式。化学防治是传统的病虫害防治措施，具有见效速度快、使用方法便捷、不受地域或季节影响的优点，因此在过去很长一段时间内，在病虫害防治工作中化学防治方法普遍被认为是最主要的甚至是唯一的防控措施。然而，长期使用同种化学药剂会造成相当多的负面影响。其负面影响主要分为三个方面：一是导致某些病虫害产生抗药性，使防治效果大幅度降低；二是大量化学药剂的使用会造成农产品农药残留超标，危害消费者健康；三是化学药剂的滥用也会造成空气、土壤、水域等面源污染，严重影响生态环境。

现阶段，在苹果生产过程中主要使用的化学药剂主要包括两类，即针对虫害的杀虫剂以及针对病害的杀菌剂。目前，在苹果虫害防治中使用的主流杀虫剂品种十分繁复，包括但不限于针对蚜虫的噻虫嗪、三唑磷等，针对红蜘蛛等螨类的哒螨灵、螺螨酯、炔螨特等，针对卷叶蛾、食心虫等害虫的氯虫苯甲酰胺等；同样，对于苹果病害的化学防治杀菌剂品种也很多，如对轮纹病、炭疽病、斑点落叶病有效的代森联、戊唑醇、丙森锌、溴菌腈、甲基硫菌灵、苯醚甲环唑、代森锰锌等。这些药剂在实际生产中并不单独投入使用，往往采用混合喷施的方式进行病虫害防控。

绿色防控中，在使用其他防治方式效果不明显，且病虫害大面积发生时，可考虑使用化学药物进行防治，使用时应尽量选择高效、低毒、低残留的农药，最大可能减少农药的残留，并选用针对性农药而不是普适性农药，保护有益昆虫，而且在苹果上市之前的安全期内，不得使用化学农药进行防治。

二、农业防治

农业防治是指在果园的生产活动中通过应用农业技术综合手段，整改果树生长所处的生态与环境，从而形成不利于病虫害传播与发展的条件，提高果树抗病、抗虫能力，最终起到有效防控病虫害的作用的防治方式。农业防治具有成本低、不产生污染等

特点，但是相比于化学防治，农业防治仍受地域、季节等的限制，且效果相对不显著。

农业防治历史由来已久，早在我国先秦时期就已存在关于除草以及虫害防治的记录。南北朝时期，我国古代著名农学著作《齐民要术》已指出，通过轮作、适时水肥管理、筛选使用适宜品种等方法可以在一定程度上减轻病虫的危害。18世纪40年代，美国T.W.哈里斯对农业生产活动中水肥管理、清园、秋耕等农业防治行为进行了较为完备的总结；60年代，法国利用从美洲引进筛选的葡萄砧木，成功解决了困扰多年的葡萄根瘤蚜危害。在19世纪，某些欧美国家也有关于农业防治措施的相关报道。1831年，英国已有苹果品种Winter Majetin具有苹果绵蚜抗性的相关记载。20世纪以来，随着生物学和生态学的快速发展，农业防治也有了更多的理论支撑。20世纪初，美国学者桑德森已从生物学的角度提出了多种关于农业防治方法的观点；20世纪中期，关于农作物抗虫性的利用也已在实际生产中投入了应用；到20世纪后期，病虫害的综合防治理论逐渐成形，作为其中一种具有重要意义的防治措施，农业防治也越来越获得种植户的重视。

三、物理防治

物理防治是指根据对作物正常生长发育存在危害的生物的习性，利用声、光、电、机械、气味、套袋等物理方法来对有害生物进行诱捕、阻隔的防治方法。物理防治在作物病虫害防治中具有安全环保、不产生污染等优点，但是物理防治需要依赖特定设施，且往往只针对特定病虫害，并不具备普适性。

物理防治的具体方法繁多，但通常能够起到很好的防治效果。频振式杀虫灯是一种利用某些害虫趋光的生物特性，通过黑光作为引诱光源，将频振式高压电网放置于果园中从而诱捕并杀死害虫的防控装置。频振式杀虫灯具有防治效果良好、节约防治成本等特点，能够降低害虫种群基数。据调查显示，在果园中悬挂频振式杀虫灯后一年，可使相关化学防治药剂的使用量大幅度减少。

利用害虫趋向性所制成的粘虫板也是一种典型的物理防治手段。对有些具有趋向性有翅型的有害虫类，在其迁飞时期于适当高度悬挂粘虫板可有效控制其扩散。目前市场上主流的粘虫板为黄色与蓝色，不同颜色的粘虫板对于不同害虫效果各有差异。

果实套袋同样也是一种卓有成效的物理防治措施。对果实进行套袋不仅可以有效减少病虫害，还能够提升果实品质、提高果实着色质量、降低农药残留量等，是目前果品生产中得到普遍推广应用的物理防治措施。

四、生物防治

生物防治是果品病虫害综合防治方法中的一个重要组成部分。概括来说，生物防治是指在生产过程中通过某些有益生物来对生产造成影响的有害生物进行抑制或者消灭的防治措施。生物防治方法充分利用了物种之间的相互作用，相对于传统化学防治，其最大的优势是对生态环境不造成污染。

随着生物技术的快速发展，目前国内外在苹果生产中应用生物防治方法防治病虫害已取得了大量的研究进展。在虫害防治方面，现阶段通过保护和人工释放瓢虫等天敌昆虫、利用害虫病原微生物、使用含生物菌肥料等控制害虫发生数量的方式已得到大面积推广，且取得了良好的效果。

同时，生物源农药的研发与应用进展迅速。现阶段，越来越多的种植户已开始选择使用生物源农药取代传统化学农药。目前已获得大面积投入使用的生物源农药种类繁多，如能对害虫生长产生影响的苏云金杆菌，对螨类具有良好防治效果的阿维菌素等。

尽管生物源药剂在使用过程中不如传统化学药剂具有立竿见影的效果，但其具备更加持久的药效，且对生态环境更加友好、对人更为安全、对害虫天敌的影响也更小。

另外，性外激素迷向法也是近年来应用较多的一种生物防治措施，该方法基于昆虫生物学，利用昆虫在求偶交配时期需由雌性昆虫释放性外信息激素的特点，人工合成具有相同作用的化合物，致使雄性昆虫无法正常定位雌性昆虫，从而人为干预减少昆虫交配概率，减少害虫后代数量，以达到防治目的。该方法对多种有害昆虫，如食心虫、金纹细蛾、卷叶蛾等均有良好的效果，且能够很大程度减少农药的投入使用，降低防治成本。根据国外相关研究介绍，在使用该方法时，需保证一定的使用面积和一定的使用时间，是性外激素迷向法取得更佳效果的前提。

第九章　果实采收与采后处理加工

苹果采收及采后处理直接影响采后果品的贮运损耗、品质保存、贮藏寿命及商品的货架期。采收和采后处理技术不当，容易造成大量损失，使农民丰产不丰收。适宜的采后处理技术是改善果品商品性状、提高果品价格和信誉的保证，可为生产者和运销经营者提供稳固的市场和更高的经济效益。

第一节　适期采收技术

适期采收，不仅有利于提高果实品质，还对成花和第二年生长发育有很大影响。适期采收是果树田间生产的最后一个环节，也是商品处理的最初环节，同时还是影响果品采后处理技术成败的关键环节。采收的目的是使果品在适当的成熟度时转化成为商品，采收速度要尽可能快，采收时要力求做到最小的损伤和损失以及最小的花费。果品的适宜采收期、采收成熟度、采收使用的方法，分级、包装处理，冷链物流体系，货架技术在很大程度上影响产量品质和商品价值，影响采后处理的效果，直接影响经济效益。

每年由于采收成熟度、田间采收容器、采收方法不适当而引起的机械伤损失达8% ～ 10%，在采收后的贮运到包装处理等采后处理技术过程中缺乏对产品的有效保护。采收的原则是适时、无损、保质、保量和减少损耗。适时就是在符合采后处理要求时采收。无损就是要避免机械伤害，保持完整性，以便充分发挥其

特性。

果品一定要在适宜的成熟度时采收，采收过早或过晚均给果品品质和耐藏性带来不利影响。采收过早，不仅产品的大小和重量达不到标准，影响产量，而且果品的风味、色泽和品质也不好，不能充分显示该品种固有的优良性状和品质，贮藏期间易失水皱缩而失鲜，增加某些病害的发生，达不到适于鲜食、贮运、加工的要求，耐贮性也差；采收过晚，果品已经过熟，进入过衰老进程，不耐贮藏和运输，货架期过短。

在确定果品的采收成熟度、采收时间、采收方法时，应根据采后用途、市场的距离、分级包装加工等处理场所的状况、贮运物流条件、贮藏保鲜时期的长短、贮藏方法和设备技术条件等因素来确定。一般就地鲜食销售的果品，可以适当晚采；用作长期贮藏和远距离运输的果品，应适当早采。

一、采收成熟度

根据果品的不同成熟度可以分为以下几个阶段:未熟期、适熟期、完熟期、过熟期。

1.未熟期　果实在母体上尚未达到可食用时应具有的足够风味的阶段，或者对于采收后有后熟过程的果品，即使进行追熟处理也达不到良好风味。

2.适熟期　果实在母体上已经达到可食状态的阶段，或者具有后熟过程的果品，经催熟可以达到食用要求的风味、品质。

3.完熟期　果实在母体上已经达到应具有的最佳食用风味、品质。

二、科学确定采收期

1.根据果实颜色变化确定采收期　以果实表皮底色作为

判断成熟度的标准比果面红色更为可靠。果实的底色由叶绿素和胡萝卜素含量决定，当果实成熟时，叶绿素逐渐消失，而显出胡萝卜素的黄色。红富士苹果的果面底色由绿色变淡绿，再变白，再变黄色。黄色面越广，成熟度越高。采收期一般是在黄色刚出现的时候。综合评判红富士苹果的采收期；一般红富士的果皮由绿变红、红色较深，内膛果实果皮也微显黄色或浅红色，这时，口尝汁多味甜，有香气，淀粉味轻，即可采收。

2.根据果实生长天数确定采收期　在一定栽培条件和适宜的温度下，苹果从盛花期到果实成熟期都有一定的天数，元帅系为140 ~ 150d，金冠系为150 ~ 160d，富士系为175 ~ 180d。

3.根据果柄从果枝上脱离的难易程度确定采收期　当苹果适宜采收时，只要轻轻托起果实或稍加转动，果柄就会脱离而不会损伤果枝。如果柄不易脱落，表明苹果的采收还可以往后推迟一些时间。

4.根据果实内可溶性固形物含量、淀粉含量和硬度的变化确定采收期　用折光仪测定果实可溶性固形物含量，可以作为确定采收期的参考。如金冠果实生长160d，可溶性固形物含量12%以上时即可采收。元帅系品种用碘化钾测定淀粉含量，也可判断采收期。根据果实硬度也可确定采收期。未成熟果实的果肉坚硬，近成熟果实的果肉较松脆。

5.根据果实贮藏运输的要求确定采收期　供应鲜销的果实，可在果实接近充分成熟时采收或适当晚采。远距离运输和贮藏果实，应在果实八成熟时采收。长期贮藏的果实，应适当早采，以保持果肉的硬度，提高贮藏效果。加工果品按不同加工要求确定采收期。

三、采收方法

果实的采摘，最关键的是在操作过程中力求认真细致，尽量减少果实的机械损伤。要严格按采收规格，保证果实完整无损，防止折断果枝。果品的采收方法分为人工采收和机械采收两种。

1.人工采收　采果人员应修剪指甲，以免碰伤果实。采果的顺序是先上后下，由外到里。苹果果皮鲜脆，人工采收可以做到轻拿轻放，避免碰破擦伤。采果时，用手指拿住果，用拇指或食指按住果柄基部，手腕上抬，使果柄从果台离层处分离，切记不要拧掉果柄。同时，树冠不同部位果实成熟度不一致，人工采收可做到分期采收。但是人工采收需要很大的劳动量，增加了劳动成本。

2.机械采收　机械采收可以节约大量劳动力，一般使用强风压机械，迫使离层分离脱落，或用强力机械摇晃主枝，使果实脱落，树下布满柔软的传送带，以承接果实，并自动将果实送入分级包装机内。机械采收效率高、成本低。但经过机械采收的果实容易遭受机械损伤，贮藏中腐烂率增加。

第二节　采后处理技术

采摘后的苹果到销售出去一般要经过分级、包装、预冷、运输、贮藏、销售这些过程。每一个环节都十分重要，但采后处理的核心是分级、预冷、运输及贮藏保鲜。

一、分级

果品成熟后，产品的大小、重量、形状、色泽、成熟度、病虫害会因为生长发育过程中的多种因素影响而差异甚大。为了使商品标准化，只有按照一定的标准进行分级，使商品性状大体趋于一致，才有利于果品的收购、贮藏及加工、包装、运输、销售。分级是果品商品化生产的必要环节，是提高商品质量及经济价值的重要措施。

1.分级标准　果实分级时，首先要剔除病虫害、畸形果，然后再严格按照国家规格分级要求进行分级。品种的不同分类标准不同，但一般是在果形、新鲜度、颜色、品质、机械伤等方面符合要求的基础上，再按大小分为若干等级。

2.分级方法

（1）手工分级。是目前最普遍的方法，即根据人的视觉判断将产品分成若干等级。手工分级能减轻伤害，但工作效率低，级别标准易受人心理因素的影响，这种主观意识上的误差往往导致产品的级别标准出现较大偏差。

（2）机械分级。采用机械分级，可消除人为因素的影响，重要的是能显著提高工作效率。分级原理是根据果实直径大小进行选果，或根据果实重量进行选果。但是对果实会产生较大的伤害。

二、包装

包装的目的是保护果品在运输、贮藏、销售中免受伤害。此外，包装还能起到美化商品和便于贮运、销售的作用。包装容器的形状、大小和坚实程度，直接影响贮藏的期限和商品性。目前我国苹果包装的主要容器是纸箱，个别会使用塑料箱。包装容器应质地坚固，可以承受重压而不致变形破裂，且无不良气味。其规格大小适当，便于搬运和堆码，容器内部应光滑平整，不致造成损伤，同时还要保持清洁。外形应美观，最好配以精致的装饰，可以增强顾客的购买欲望；对于外贸出口的园艺产品，外观包装更是十分重要。纸箱是当前苹果包装的主要容器，具有经济、牢固、美观、实用的特点。塑料箱是果品贮运和周转中使用较广泛

的容器，其外表光滑，易于清洗，能够重复使用，但成本较高，一般是用高密度聚乙烯制成，具有多种规格。高密度聚乙烯箱的强度大、箱体结实，能够承受一定的挤压、碰撞压力，能堆码至一定的高度，提高贮运空间的利用率。

三、预冷

苹果采收时气温在25℃左右，果实不仅有自身释放的呼吸热，还持有大量的田间热。苹果贮藏运输前，应及时降温，消除田间热，以降低果实呼吸代谢，减少营养损失，使贮藏期和货架期得以延长。

根据果品特性、数量和包装状况，预冷一般分为自然预冷和人工机械预冷。现在普遍使用人工机械预冷，效果较好，国内冷空气预冷和强制冷空气通风冷却最为常用。

四、运输

果品采收后，除少部分就地销售供应外，大量的果品需要转运到人口集中的城市和贸易集散地加工、贮藏、销售。为了实现异地销售，运输在生产与消费者之间起着桥梁作用。经济技术发达国家已建立冷链物流体系，果品采后采用冷链运输系统。冷链运输系统是以温度控制为基础的多种保鲜设施、设备和技术的综合运用。果品从采后的分级、包装、运输、贮藏、货架销售，直至消费者手中的全部过程，均处于适宜的低温条件下，以最大限度地保持果品的新鲜度及风味品质。我国的果品冷链物流系统工作刚刚起步，急需适合我国国情的冷链物流设施和相应的技术。为了搞好果品的运输应注意以下几点：

①运输的果品要符合运输质量的标准，没有损坏，成熟度和包装应符合规定，并且新鲜、完整、清洁，没有损伤和萎蔫失水。

②果品运输前，要尽可能地进行预冷处理。包装要选择有保湿功能的材料，以保持果品的新鲜度，防止萎蔫失水。

③承运部门应尽量组织快运快装，现卸现提，保证产品的质量。装运时堆码要安全稳当，要有支撑和垫条，防止运输中移动或倾倒。堆码不能过高，堆间应留有适当的空间，以利通风。

④装运果品时应避免撞击、挤压、跌落等，轻拿轻放，尽量做到运行快速平稳。装运应简便快捷，尽量缩短采收与交运的时间。

五、贮藏保鲜

果实是个生命体，果实长在树上，呼吸代谢、蒸腾消耗的营养和水分可由树体源源不断地供给。一经采摘脱离母体，呼吸和蒸腾消耗的是果实贮存的养分和水分，消耗无法补充。这时候，贮藏保鲜就显得十分重要，核心技术是控制呼吸消耗、蒸腾消耗、微生物入侵及减少营养和新鲜度损失，达到保鲜保质的目的。

（一）影响苹果贮藏保鲜的关键因素

影响苹果贮藏保鲜的关键因素是温度、湿度、气体成分和病害。最佳温度为0℃ ±0.5℃；湿度为85%～90%；氧气浓度为2%～3%，二氧化碳浓度为2%～3%。

（二）果品贮藏保鲜技术

果品采后贮藏保鲜是根据果品的生物学特性及其对温度、相对湿度、气体成分等条件的要求，创造适宜而又经济的贮藏保鲜条件以维持果实正常的新陈代谢，从而延缓果实品质变化，保持新鲜饱满状态，减少腐烂损失，延长贮藏寿命。

果品的贮藏保鲜方式有很多，依据贮藏场所的特点可以分为简易贮藏、冷库贮藏、气调贮藏等。

1.简易贮藏　是一种利用自然环境条件来维持贮藏温度的贮藏方式，如沟埋藏、堆藏、窖藏等。简易贮藏基本可以达到贮藏要求，并且简单经济。这种贮藏多数是在产地进行，简便易行，贮藏成本低，但受自然气候条件影响较大，贮藏期间没有有效的控温设施，入贮时间对贮藏效果非常重要，应避免气温过高过低引起的腐烂和气温过低引起的果实受冻。贮期较短，贮藏质量较差，损耗较大。简易贮藏的苹果必须先在阴凉通风处散热预冷，白天适当覆盖遮阴防晒，夜间揭开降温，待霜降后气温降下时再行入贮。贮藏期间应根据外部自然条件的变化，利用通风道、通风口，或者堆码时留有空隙，在早晚或夜间进行通风降温防热。利用草帘、棉被、秸秆等进行覆盖保温防冻。一般可贮至翌年3月。

2.通风库贮藏　通风库贮藏只适合晚熟苹果。入库时分品种、分等级码垛堆放。堆码时，垛底要垫放枕木（或条石），垛底离地10 ~ 20cm，在各层筐或几层纸箱间应用木板、竹篱笆等衬垫，以便于码成高垛。码垛要牢固整齐，码垛不宜太大，为便于通风，一般垛与墙、垛与垛之间应留出30cm左右空隙，垛顶距库顶50cm以上，垛距门和通风口（道）1.5m以上，以利通风、防冻。贮期主要管理是根据库内外温差来通风排热。贮藏前期，多利用夜间低温来通风降温。有条件的最好在通风口加装轴流风机，并安装温度自动调控装置，以自动调节库温尽量符合贮藏要求。贮藏中期，减少通风，库内应在垛顶、四周适当覆盖，以免受冻。通风库贮果，中期易遭受冻害。贮藏后期，库温会逐步回升，其间要每天观测记录库内温度、湿度，并经常检查苹果质量；检测果实硬度、糖度、自然损耗和发病腐烂情况。出库的顺序最好是先进的先出。

3.冷库贮藏　冷库贮藏是目前我国果品现代化贮藏的主要形

式。冷藏可以使果品降低呼吸速率，减少微生物的侵染，降低腐烂率，延缓衰老，延长贮藏期，从而在一定的气温下延长供应周期。各种水果都有自己的最适贮藏温度，这个温度既能使呼吸及其生命过程保持在最缓慢的速度下，又不会导致冷害，同时也使微生物活动处于最低水平。冷藏过程中应避免产生果品的冷害和冻害，以免果品因不适宜的低温而缩短贮藏寿命甚至丧失商品价值。对果实进行预冷处理、严格将冷库温度控制在果品最适贮藏温度以及化学药剂如氯化钙处理等措施均能起到减轻冷（冻）害的作用。

4. 气调贮藏　气调贮藏是通过控制贮藏环境中气体组分，主要是通过降低氧气的浓度和提高二氧化碳的浓度，来抑制水果的呼吸作用等生理活动，延长果实的贮藏寿命。气调贮藏可分为主动气调贮藏和被动气调贮藏，如薄膜袋贮藏、薄膜大帐贮藏、硅窗气调贮藏和气调库贮藏等。不同的水果具有各自最适的气体组分和温度，这在气调贮藏库中可以很容易实现。而主动气调贮藏过程中，除了贮藏温度外，薄膜的气体（氧气、二氧化碳）透过率和水分透过率对水果的贮藏品质有重要影响，复合薄膜、微孔薄膜等是薄膜材料的发展方向。

附　录

附录1　江苏丰县地区苹果病虫害绿色防控周年工作历

时期	物候期	危害类型	防治对象	防治措施			
				化学防治	物理防治	生物防治	农业防治
3月中下旬	萌芽期前	病害	轮纹病				刮除病斑及翘皮，清理病枝、残枝
			腐烂病	29%石硫合剂1 000倍液			刮除病斑及翘皮，清理病枝、残枝
		虫害	叶螨类	29%石硫合剂1 000倍液			
			介壳虫	29%石硫合剂1 000倍液			
			蚜虫类	48%毒死蜱1 000倍液			
4月初	花芽露红期	病害	斑点落叶病	10%苯醚甲环唑1 500倍液			
		虫害	绿盲蝽	70%吡虫啉8 000倍液			
			蚜虫类	70%吡虫啉8 000倍液			
4月下旬	花后7～10d	病害	轮纹病	60%吡唑醚菌酯·代森联1 500倍液、70%甲基硫菌灵1 000倍液			
			褐斑病	60%吡唑醚菌酯·代森联1 500倍液			

（续）

时期	物候期	危害类型	防治对象	防治措施			
				化学防治	物理防治	生物防治	农业防治
4月下旬	花后7～10d	病害	斑点落叶病	60％吡唑醚菌酯·代森联1 500倍液			
			炭疽病	60％吡唑醚菌酯·代森联1 500倍液、70％甲基硫菌灵7 000倍液			
		虫害	蚜虫类	22％高效氯氟氰菊酯·噻虫嗪2 000倍液			
			绿盲蝽	22％高效氯氟氰菊酯·噻虫嗪2 000倍液			
			食心虫		果园内设置黑光灯或频振式杀虫灯	释放食心虫天敌松毛虫赤眼蜂，5d释放一次	
			金纹细蛾		果园内统一使用金纹细蛾性诱剂，设置诱捕器3点/亩		
			叶螨类	24％螺螨酯2 000倍液			
5月上中旬	生理落果期（花后20d）	病害	轮纹病	50％甲基硫菌灵600倍液			
			斑点落叶病	70％丙森锌2 000倍液			
			白粉病	50％多菌灵1 000倍液			

（续）

时期	物候期	危害类型	防治对象	防治措施			
				化学防治	物理防治	生物防治	农业防治
5月上中旬	生理落果期（花后20d）	病害	锈病	50%多菌灵1 000倍液			
		虫害	卷叶蛾	8 000IU/μL苏云金芽孢杆菌1 660倍液	配制糖醋液，按红糖、食醋、白酒、水2∶8∶1∶10的比例配制，置于广口瓶内，10瓶/亩放置		
			食心虫	8 000IU/μL苏云金芽孢杆菌1 660倍液			
			叶螨类	25%单甲脒盐酸盐2 500倍液		引进天敌中华草蛉、小黑花蝽等，也可释放捕食螨	
			绿盲蝽	70%吡虫啉8 000倍液			
			蚜虫类	70%吡虫啉8 000倍液		释放中华草蛉，可适当减少药剂喷施量	
			金纹细蛾	25%灭幼脲1 000倍液			

（续）

时期	物候期	危害类型	防治对象	防治措施			
				化学防治	物理防治	生物防治	农业防治
6月上旬	幼果期	病害	轮纹病	25%吡唑醚菌酯或43%戊唑醇2 500倍液	对果实进行套袋处理		
			斑点落叶病	25%吡唑醚菌酯或80%代森锰锌6 000倍液			
			褐斑病	25%吡唑醚菌酯2 000倍液			
		虫害	食心虫	5%甲氨基阿维菌素苯甲酸盐3 500倍液			
			金纹细蛾	5%甲氨基阿维菌素苯甲酸盐3 500倍液			
			蚜虫类	48%毒死蜱1 000倍液	悬挂黄板，设置平行于栽培行的挂板方向、150cm的挂板高度以及40张/亩的挂板密度		
			介壳虫	48%毒死蜱1 000倍液			
			叶螨类	24%螺螨酯2 000倍液			
6月中下旬	果实膨大期	病害	轮纹病	25%吡唑醚菌酯或43%戊唑醇2 500倍液			
			斑点落叶病	25%吡唑醚菌酯2 000倍液			

（续）

时期	物候期	危害类型	防治对象	防治措施			
				化学防治	物理防治	生物防治	农业防治
6月中下旬	果实膨大期	病害	褐斑病	25%吡唑醚菌酯2 000倍液			
		虫害	螨类	20%螺螨酯·阿维菌素2 500倍液			
			食心虫	5%甲氨基阿维菌素苯甲酸盐3 500倍液			
			金纹细蛾	5%甲氨基阿维菌素苯甲酸盐3 500倍液			
			蚜虫类	20%三唑磷1 000倍液			
7月上旬	果实发育期	病害	轮纹病	80%波尔多液1 200倍液			
		虫害	斜纹夜蛾	72%丙溴磷2 000倍液			
			螨类	25%单甲脒盐酸盐2 500倍液			
			苹果绵蚜	25%单甲脒盐酸盐2 500倍液			
7月中下旬	果实发育期	病害	斑点落叶病	70%代森联700倍液			
			轮纹病	43%戊唑醇2 500倍液			
		虫害	食心虫	20%虫酰肼2 000倍液、8 000IU/μL苏云金芽孢杆菌1 660倍液			
			卷叶蛾	8 000IU/μL苏云金芽孢杆菌1 660倍液			

（续）

时期	物候期	危害类型	防治对象	防治措施			
				化学防治	物理防治	生物防治	农业防治
8月上中旬	果实发育期	病害	斑点落叶病	80%代森锰锌6 000倍液			
			轮纹病	80%波尔多液1 200倍液			
		虫害	螨类	45%联苯肼酯·乙螨唑5 000倍液			
9月上旬	果实着色期	病害	轮纹病	25%溴菌腈2 000倍液			
			褐斑病	25%溴菌腈2 000倍液			
			斑点落叶病	25%溴菌腈2 000倍液			
			炭疽病	25%溴菌腈2 000倍液			
9月下旬至10月上旬	果实成熟期						生草：在果园内播种绿肥作物鼠茅草，翌年春季旺盛生长，至6月下旬枯死
11月至翌年2月	休眠期		越冬病原菌、害虫				清除园内落叶、落果，剪除病枝，对土壤进行深翻。用硬毛刷刷除越冬虫卵，或在翌年春季土壤解冻后进行地膜覆盖

附录2 江苏丰县地区苹果种植户生产及主要病虫害防治调查问卷

调查编号：____________ 调查地点：丰县_________镇________村

村调查时间：_______年_______月 调查人：_____________

受访人姓名：____________________ 受访人电话：_____________

一、农户基本信息调查

1.家庭种植责任人基本信息

1）性别：______（A.男 B.女）。

2）年龄：_______岁。

3）受教育程度：______。

（A.没上过学 B.小学 C.初中 D.高中/中专/职高/技校 E.大专/本科 F.硕士及以上）

4）是否党员或村干部：______（A.是 B.否）。

2.您家共有______人，其中苹果种植的劳动力人数为______人。

二、农户生产经营情况调查

1.您家目前有土地______亩，苹果种植面积______亩，其中挂果园_______亩。

品种	面积（亩）	树龄（年）	株行距（m）	2017年产量（kg/亩）	2018年产量（kg/亩）	2017年毛收入（元/亩）	2018年毛收入（元/亩）

（续）

品种	面积（亩）	树龄（年）	株行距（m）	2017年产量（kg/亩）	2018年产量（kg/亩）	2017年毛收入（元/亩）	2018年毛收入（元/亩）

注：若产量无法提供，按照套袋数量统计。

2.近两年苹果生产成本统计。

年份	农药	肥料	套袋	反光膜	灌溉	人工	其他	总计
2017								
2018								

三、果园病虫害防治及管理情况调查

1.近两年内，您的果园中主要发生的病害有______

A.炭疽病　B.霉心病　C.白粉病　D.褐斑病　E.斑点落叶病　F.轮纹病　G.腐烂病　H.花叶病　I.锈病　J.苦痘病　K.其他

2.近两年内，您的果园中主要发生的虫害有______

A.梨小食心虫　B.顶梢卷叶蛾　C.苹果小卷叶蛾　D.金纹细蛾　E.苹果绵蚜　F.绣线菊蚜（苹果黄蚜）　G.绿盲蝽　H.山楂叶螨（红蜘蛛）　I.其他

3.您的果园中危害最严重的病虫害是_____

4.您在生产过程中主要使用的防治方法是_____

A.物理防治（①粘虫板，②诱虫灯，③性诱剂）

B.农业防治（①修剪病虫枝条，②深翻土地，③清除杂草）

C.化学防治（喷施农药）

D.生物防治（保护天敌）

5.您一年中喷施农药的次数为______，平均多久一次______，第一次喷药的时间为______，最后一次喷药的时间为______，苹果摘袋后喷药的次数为______。

6.您在各生产时期分别喷施了哪些农药？

次数	喷药时期（年－月－日）	药品名称	有效成分含量	价格（元/克或毫升）	用量	防治对象	用工数
1							
2							
3							
4							
5							
6							
7							
8							
9							
10							
11							
12							

7.您购买农药的途径是______

A.农用物资商店

B.来村推销的农药公司

C.网上购买

D.其他

8.您是如何配制农药的？ ______

A.按个人经验配制

B.按药剂说明配制

C.农资店帮忙配制

D.仿照他人配制

9.您进行农药喷施的依据是______

A.根据园中具体病虫害状况

B.仿照他人

C.按往年经验

D.按苹果种植历进行

E.咨询专家

10.您在喷药中使用的喷药器械是______

A.手摇式喷雾器

B.高压自动喷雾器

C.电动式喷雾器

D.机动式喷雾器

11.您家果园是否使用物理防治（如粘虫板或诱虫灯等）?_____（是/否）

如果使用的话，是_____ [A.自己购买（__元/年） B.果站或果品企业免费发放 C.其他]

12.您家果园是否使用生物防治（如人工释放害虫天敌等）?____（是/否）

如果使用的话，是____ [A.自己购买（__元/年） B.果站或果品企业免费发放 C.其他]

附录3　191种检测农药种类及报告限

序号	测试项目	报告限	单位
1	邻苯基苯酚	0.01	mg/kg
2	乙酰甲胺磷	0.01	mg/kg
3	啶虫脒	0.01	mg/kg
4	乙草胺	0.01	mg/kg
5	涕灭威	0.01	mg/kg
6	涕灭威亚砜	0.01	mg/kg
7	涕灭砜威	0.01	mg/kg
8	莠去津	0.01	mg/kg
9	保棉磷	0.01	mg/kg
10	嘧菌酯	0.01	mg/kg
11	苯霜灵和精苯霜灵	0.01	mg/kg
12	噁虫威	0.01	mg/kg
13	乙丁氟灵	0.01	mg/kg
14	丙硫克百威	0.01	mg/kg
15	解草嗪	0.01	mg/kg
16	苄嘧磺隆	0.01	mg/kg
17	联苯菊酯	0.01	mg/kg
18	啶酰菌胺	0.01	mg/kg
19	溴螨酯	0.01	mg/kg
20	乙嘧酚磺酸酯	0.01	mg/kg
21	噻嗪酮	0.01	mg/kg
22	丁草胺	0.01	mg/kg
23	丁酮威	0.01	mg/kg

（续）

序号	测试项目	报告限	单位
24	硫线磷	0.01	mg/kg
25	克菌丹	0.01	mg/kg
26	甲萘威	0.01	mg/kg
27	多菌灵	0.01	mg/kg
28	克百威	0.01	mg/kg
29	3-羟基克百威	0.01	mg/kg
30	丁硫克百威	0.01	mg/kg
31	灭幼脲	0.01	mg/kg
32	氯丹	0.01	mg/kg
33	虫螨腈	0.01	mg/kg
34	毒虫畏	0.01	mg/kg
35	氯苯胺灵	0.01	mg/kg
36	毒死蜱	0.01	mg/kg
37	甲基毒死蜱	0.01	mg/kg
38	烯草酮	0.01	mg/kg
39	噻虫胺	0.01	mg/kg
40	氰草津	0.01	mg/kg
41	环氟菌胺	0.01	mg/kg
42	氟氯氰菊酯	0.01	mg/kg
43	高效氯氟氰菊酯	0.01	mg/kg
44	霜脲氰	0.01	mg/kg
45	氯氰菊酯和氯氰菊酯（ζ）	0.01	mg/kg
46	嘧菌环胺	0.01	mg/kg
47	灭蝇胺	0.01	mg/kg
48	*o,p′*-滴滴滴	0.01	mg/kg
49	*p,p′*-滴滴滴	0.01	mg/kg

（续）

序号	测试项目	报告限	单位
50	o,p'-滴滴伊	0.01	mg/kg
51	p,p'-滴滴伊	0.01	mg/kg
52	o,p'-滴滴涕	0.01	mg/kg
53	p,p'-滴滴涕	0.01	mg/kg
54	溴氰菊酯和四溴菊酯	0.01	mg/kg
55	二嗪磷	0.01	mg/kg
56	苯氟磺胺	0.01	mg/kg
57	敌敌畏	0.01	mg/kg
58	氯硝胺	0.01	mg/kg
59	三氯杀螨醇	0.01	mg/kg
60	乙霉威	0.01	mg/kg
61	苯醚甲环唑	0.01	mg/kg
62	乐果	0.01	mg/kg
63	烯酰吗啉	0.01	mg/kg
64	烯唑醇	0.01	mg/kg
65	敌瘟磷	0.01	mg/kg
66	甲氨基阿维菌素苯甲酸盐	0.01	mg/kg
68	硫丹（β）	0.01	mg/kg
69	硫丹硫酸酯	0.01	mg/kg
67	硫丹（α）	0.01	mg/kg
70	乙硫苯威	0.01	mg/kg
71	乙硫磷	0.01	mg/kg
72	灭线磷	0.01	mg/kg
73	醚菊酯	0.01	mg/kg
74	乙嘧硫磷	0.01	mg/kg
75	唑菌酮	0.01	mg/kg

（续）

序号	测试项目	报告限	单位
76	氯苯嘧啶醇	0.01	mg/kg
77	环酰菌胺	0.01	mg/kg
78	杀螟硫磷	0.01	mg/kg
79	仲丁威	0.01	mg/kg
80	苯氧威	0.01	mg/kg
81	甲氰菊酯	0.01	mg/kg
82	丁苯吗啉	0.01	mg/kg
83	唑螨酯	0.01	mg/kg
84	倍硫磷	0.01	mg/kg
85	氰戊菊酯和*S*-氰戊菊酯	0.01	mg/kg
86	氟虫腈	0.01	mg/kg
87	吡氟禾草灵和精吡氟禾草灵	0.01	mg/kg
88	氟氰戊菊酯	0.01	mg/kg
89	氟虫脲	0.01	mg/kg
90	氟硅唑	0.01	mg/kg
91	氟胺氰菊酯	0.01	mg/kg
92	呋线威	0.01	mg/kg
93	γ-六六六（林丹）	0.01	mg/kg
94	庚烯磷	0.01	mg/kg
95	噻螨酮	0.01	mg/kg
96	抑霉唑	0.01	mg/kg
97	吡虫啉	0.01	mg/kg
98	茚虫威	0.01	mg/kg
99	异菌脲	0.01	mg/kg
100	缬霉威	0.01	mg/kg
101	水胺硫磷	0.01	mg/kg

（续）

序号	测试项目	报告限	单位
102	异柳磷	0.01	mg/kg
103	甲基异柳磷	0.01	mg/kg
104	异丙威	0.01	mg/kg
105	稻瘟灵	0.01	mg/kg
106	异丙隆	0.01	mg/kg
107	醚菌酯	0.01	mg/kg
108	利谷隆	0.01	mg/kg
109	马拉硫磷	0.01	mg/kg
110	甲霜灵和精甲霜灵	0.01	mg/kg
111	苯嗪草酮	0.01	mg/kg
112	甲胺磷	0.01	mg/kg
113	杀扑磷	0.01	mg/kg
114	甲硫威	0.01	mg/kg
115	灭多威	0.01	mg/kg
116	甲氧虫酰肼	0.01	mg/kg
117	异丙甲草胺和精异丙甲草胺	0.01	mg/kg
118	速灭磷	0.01	mg/kg
119	久效磷	0.01	mg/kg
120	腈菌唑	0.01	mg/kg
121	敌草胺	0.01	mg/kg
122	烟嘧磺隆	0.01	mg/kg
123	酞菌酯	0.01	mg/kg
124	氧乐果	0.01	mg/kg
125	呋草酮	0.01	mg/kg
126	呋霜灵	0.01	mg/kg
127	亚砜磷	0.01	mg/kg

（续）

序号	测试项目	报告限	单位
128	多效唑	0.01	mg/kg
129	对硫磷	0.01	mg/kg
130	甲基对硫磷	0.01	mg/kg
131	戊菌唑	0.01	mg/kg
132	二甲戊灵	0.01	mg/kg
133	氯菊酯	0.01	mg/kg
134	稻丰散	0.01	mg/kg
135	甲拌磷	0.01	mg/kg
136	甲拌磷砜	0.01	mg/kg
137	甲拌磷亚砜	0.01	mg/kg
138	伏杀硫磷	0.01	mg/kg
139	亚胺硫磷	0.01	mg/kg
140	磷胺	0.01	mg/kg
141	辛硫磷	0.01	mg/kg
142	抗蚜威	0.01	mg/kg
143	嘧啶磷	0.01	mg/kg
144	甲基嘧啶磷	0.01	mg/kg
145	咪鲜胺	0.01	mg/kg
146	腐霉利	0.01	mg/kg
147	丙溴磷	0.01	mg/kg
148	猛杀威	0.01	mg/kg
149	扑草净	0.01	mg/kg
150	霜霉威	0.01	mg/kg
151	炔螨特	0.01	mg/kg
152	苯胺灵	0.01	mg/kg
153	丙环唑	0.01	mg/kg

（续）

序号	测试项目	报告限	单位
154	残杀威	0.01	mg/kg
155	炔苯酰草胺	0.01	mg/kg
156	吡蚜酮	0.01	mg/kg
157	吡菌磷	0.01	mg/kg
158	哒螨灵	0.01	mg/kg
159	哒嗪硫磷	0.01	mg/kg
160	嘧霉胺	0.01	mg/kg
161	喹硫磷	0.01	mg/kg
162	五氯硝基苯	0.01	mg/kg
163	喹禾灵和精喹禾灵	0.01	mg/kg
164	砜嘧磺隆	0.01	mg/kg
165	八氯二丙醚	0.01	mg/kg
166	西玛津	0.01	mg/kg
167	多杀霉素	0.01	mg/kg
168	螺环菌胺	0.01	mg/kg
169	戊唑醇	0.01	mg/kg
170	虫酰肼	0.01	mg/kg
171	杀虫畏	0.01	mg/kg
172	三氯杀螨砜	0.01	mg/kg
173	噻菌灵	0.01	mg/kg
174	噻虫啉	0.01	mg/kg
175	噻虫嗪	0.01	mg/kg
176	噻吩磺隆	0.01	mg/kg
177	硫双威	0.01	mg/kg
178	久效威砜	0.01	mg/kg
179	久效威亚砜	0.01	mg/kg

（续）

序号	测试项目	报告限	单位
180	甲基立枯磷	0.01	mg/kg
181	甲苯氟磺胺	0.01	mg/kg
182	三唑酮	0.01	mg/kg
183	三唑醇	0.01	mg/kg
184	醚苯磺隆	0.01	mg/kg
185	三唑磷	0.01	mg/kg
186	敌百虫	0.01	mg/kg
187	氟菌唑	0.01	mg/kg
188	氟乐灵	0.01	mg/kg
189	氟胺磺隆	0.01	mg/kg
190	蚜灭磷	0.01	mg/kg
191	乙烯菌核利	0.01	mg/kg

图书在版编目（CIP）数据

矮化自根砧苹果高效栽培技术／渠慎春主编．—北京：中国农业出版社，2023.10
ISBN 978-7-109-30675-2

Ⅰ.①矮…　Ⅱ.①渠…　Ⅲ.①苹果－矮化砧木－栽培技术　Ⅳ.①S661.1

中国国家版本馆CIP数据核字（2023）第079387号

中国农业出版社出版
地址：北京市朝阳区麦子店街18号楼
邮编：100125
责任编辑：郭　科
版式设计：王　晨　　责任校对：刘丽香　　责任印制：王　宏
印刷：北京通州皇家印刷厂
版次：2023年10月第1版
印次：2023年10月北京第1次印刷
发行：新华书店北京发行所
开本：880mm × 1230mm　1/32
印张：7.75
字数：200千字
定价：58.00元

有和煦的阳光，也有毒辣的烈日；还有虫害。但是，我所居住的奈良市是一个一年四季都可以播种、种苗的福地。即使每天都有很多事情，我也会出去播撒新的种子和种植幼苗。想象数月之后就能丰收，不知不觉就喜笑颜开了。

此外，种植大米和蔬菜，是和他人沟通的桥梁。我经常和那些像我一样喜欢种植蔬菜的朋友分享多余的苗木和自己种植的蔬菜，因为放着也是一种浪费。我还从他们那里得到了自己没有种的蔬菜。当然，有时也会收到一些料理。这就是物物交换吧。总之，我的内心十分充实。当然，也有人送我他们购买的礼物。每次接到这样的回礼，我都有些惶恐：给出的那些蔬菜得到了这样的回礼真的可以吗？不过，当收到为我精心准备的礼物的那一刻，我感到很幸福。

畑明宏